# 獣医・実験動物眼科学

－獣医臨床とヒトに外挿できる医薬品の眼毒性評価のための基礎知識－

著　友廣　雅之
監修　柏木　賢治
　　　長谷川貴史
　　　野村　　護

サイエンティスト社

# はじめに

　ヒトは外部情報入力の約80%を視覚に頼っていると言われ、その喪失はQOLに重大な影響を与える。過去には重大な社会問題に発展した医薬品による眼の副作用が多数知られている。

　動物の視覚器は種ごとに進化しており、多くの種差が認められる。例えば、草食動物は、常に警戒を怠らず敵から身を守るため、ハーダー腺を発達させ涙液層の油性成分を増やして涙液の蒸散を低減させることで、瞬目の頻度を減らしている。一方、肉食動物は、視交叉での高い視神経交換比率によって立体視を実現し、狙った獲物を確実に捕捉できる視覚を有している。これほど多くの種差を有する器官は、他にはそれほど多くない。

　最近まで日本の獣医学教育カリキュラムに眼科学は含まれておらず、動物の眼に関する知識の習得には大きな障害があった。現在は獣医学教育カリキュラムに眼科学が取り入れられたが、海外では優れた獣医眼科学の書籍が多数出版され、その一部は日本語にも翻訳されている一方、日本人の手によって執筆された獣医眼科学の書籍は非常に少ない。出版されている書籍も臨床に重点がおかれているものが多くて基礎的な知識の記載は十分とは言えない。加えて、実験動物の眼科学や眼毒性のリスク評価を詳述した書籍は海外にもみられない。

　基盤となる科学的知識が共有されないと、議論そのものの成立が困難ではないであろうか。もちろん、洋書や最新の科学論文から知識を得ることは可能であるが、サイエンスの一分野として日本で普及するためには、日本語の教科書の存在が不可欠である。拙い知識と筆力ながら教科書となる書籍を世に出すことを意図したのが本書である。これをきっかけとして本書を越える書籍が次々と出版され、この分野の研究がより盛んになることを期待したい。

　本書の執筆にあたって、医学・実験動物眼科学、獣医眼科学、眼毒性評価のそれぞれの領域で著名な柏木賢治先生(山梨大学医学部)、長谷川貴史先生(大阪府立大学生命環境科学部)、野村護先生(イナリサーチ)に監修して頂いた。監修の先生方には多くのアドバイスを頂いて充実した内容となったことに感謝申し上げたい。不十分な記載が残っているとすればすべて著者の責任であり、読者諸兄からご叱責・ご指導を頂ければ幸いに思う。本書の計画段階から多くの助言と支援を頂いたうえに貴重な写真を提供された工藤荘六先生(工藤動物病院)、また写真の提供あるいは撮影に協力頂いた余戸拓也先生(日本獣医生命大学獣医外科学教室)、花見正幸先生(ボゾリサーチセンター)、鈴木通弘先生(予防衛生協会)、荒木智陽先生(新日本科学)に深く感謝する。最後になるが、紙幅の都合で個々に名前をあげられないが、著者が教えを乞うてきた多くの先生方に対してもお礼申し上げなければならない。

2013年　8月　吉日

# CONTENTS

# 獣医・実験動物眼科学
－獣医臨床とヒトに外挿できる医薬品の眼毒性評価のための基礎知識－

| | |
|---|---|
| はじめに | 003 |
| **第1章　眼各部の解剖と生理** | 006 |
| 1.1　眼球と眼窩 | 006 |
| 1.2　脈管系と神経系 | 007 |
| 1.3　外眼筋 | 009 |
| 1.4　眼瞼、結膜、瞬膜 | 009 |
| 1.5　涙液層、角膜、強膜 | 011 |
| 1.6　ぶどう膜 | 014 |
| 1.7　水晶体と硝子体 | 017 |
| 1.8　網膜 | 019 |
| **第2章　眼科検査技術** | 026 |
| 2.1　解剖学的表現 | 026 |
| 2.2　一般検査 | 027 |
| 2.3　特殊検査 | 031 |
| 2.4　視覚検査と神経眼科学的検査 | 035 |
| **第3章　獣医領域の眼疾患** | 040 |
| 3.1　眼球と眼窩の疾患 | 040 |
| 3.2　眼瞼の疾患 | 041 |
| 3.3　結膜と瞬膜の疾患 | 044 |
| 3.4　涙液層・角膜・強膜の疾患 | 045 |
| 3.5　ぶどう膜の疾患 | 049 |
| 3.6　水晶体と硝子体の疾患 | 051 |
| 3.7　網膜と視神経の疾患 | 054 |
| **第4章　実験動物の眼科学的特徴** | 059 |
| 4.1　ラット | 059 |
| 4.2　実験用ビーグルと実験用霊長類 | 061 |
| 4.3　その他 | 062 |
| **第5章　投与経路、製剤、薬物動態** | 066 |
| 5.1　投与経路と製剤 | 066 |
| 5.2　薬物動態に影響する要因 | 068 |
| **第6章　眼科用治療薬の作用機序と副作用** | 070 |
| **第7章　医薬品及びその他の化合物による眼毒性** | 075 |
| 7.1　眼毒性のリスク評価 | 075 |
| 7.2　眼毒性の事例 | 078 |
| 索引 | 083 |

# 第1章
# 眼各部の解剖と生理

　眼だけに限られたことではないが、器官に生じる疾病や毒性の病態を理解するためには、その器官の発生・解剖・生理及び生化学の基礎知識が重要である。視覚を得るために高度に分化した眼という器官には、他にはみられない多くの特徴がある。また、それぞれの動物が持つ解剖学的あるいは生理学的な種差には、その動物の生態も大きく関与している。例えば、草食動物は外敵から身を守るために広い視野を確保できる眼を持っているのに対し、肉食動物の眼は獲物を捕獲するという目的に適するような特徴を有している。タペタムtapetum（輝板）の有無のような昼行性・夜行性に関する種差も知られている。さらにヒトでは、摂食などの生理的行動のための視覚に加えて、文字などのさらに高度な情報を正確に得られるような仕組みを有している。種差を知らずに、各種動物の眼疾患の診断治療を行うことは困難である。また、実験動物を用いた毒性試験の結果をヒトに外挿して評価するためにも、種差の理解は極めて重要である。なお、本章には基本的に各動物種に共通する事柄を記述し、種差についてはその都度記載する。

## 1.1　眼球と眼窩

### 1）眼球（図1-1-1、1-1-2）

　哺乳類の眼球eye globeは、ほぼ球形である。地球になぞらえ、前後の中心を極、すなわち前極anterior poleと後極posterior poleと呼び、前極と後極を結ぶ軸を眼軸optic axisという。一方、眼軸に対して垂直方向の外周を赤道equatorialと呼ぶ。

　ほとんどの動物種において、前極は角膜corneaの中心に相当し、その正確に対極の位置、すなわち通常は視神経乳頭のやや内側上方が後極となる。しかし、眼に入射した光が角膜及び水晶体lensを介して焦点を結ぶのは中心窩foveaあるいは中心野area centralisで、後極とは位置が異なる。眼軸に対して固視点と中心窩あるいは中心野を結ぶ直線を視軸visual axisという。

　イヌの場合、品種による相違はあるが、眼軸は一般的に21～25 mmであり、水平軸は垂直軸より1～2 mm長い。

　眼球は、大きく分類して、外側から線維膜、血管膜（ぶどう膜uvea）、（広義の）網膜retinaの三層から構成され、内部に中間透光体を有している。線維膜は角膜と強膜sclera、ぶどう膜は虹彩iris、毛様体ciliary bodyと脈絡膜choroid、網膜は神経網膜neurosensory retina（狭義の網膜）と網膜色素上皮retinal pigment epithelium、中間透光体は水晶体と硝子体vitreousからなる。網膜という用語は、一般的には狭義の網膜、すなわち神経網膜に対して使用されるので、本書でも特に断らない限り神経網膜を指す用語として使用する。

　角膜から入射した光は、虹彩の絞り機能で光量が調節され、水晶体で屈折を調節されて網膜に焦点を合わす。角膜と水晶体は、フィルター機能を有しており、有害な波長領域の光線をカットすることで、眼内組織を光障害から防御している。光信号は、網膜で電気信号に変換され、視神経optic nerveを介して脳に至り、視覚として認識される。ぶどう膜は、血管が豊富で、眼内組織への血液供給を担うほか、毛様体で房水aqueous humorを産生して眼球前極部の無血管組織へ栄養を供給している。強膜は、眼球の適切な強度を維持している。

### 2）眼窩（図1-1-3）

　眼窩は、眼球を収容する容器で、頭蓋骨からなる骨組織（上方の前頭骨frontal bone、耳側の頬骨zygomatic bone、鼻側の篩骨ethmoid bone、下方の上顎骨maxillary bone、後方は篩骨と蝶形骨sphenoid bone）で構成されている。眼窩骨組織には、上下に上眼窩裂superior orbital fissureと下眼窩裂inferior orbital fissureの裂隙がある。上眼窩裂は脳腫瘍が眼窩内へ拡大するときの経路となる。一方、下眼窩裂を介して口腔から外傷が眼窩へ波及することがある。

　眼窩脂肪orbital fatは、眼球後方の眼窩骨膜periorbita内、及び眼窩骨膜と眼窩壁の間隙に多く含まれており、クッションの役割を果たして眼球を保護している。

　眼窩骨膜（眼窩筋膜orbital dascia）は、眼窩を構成する骨の骨膜で、眼球とそれに付属する筋、神経及び血管を覆っている。一般的に、骨がない部分では厚い。眼窩縁orbital rimで眼窩隔膜orbital septumに連続する。イヌの眼窩骨膜は、多数の平滑筋線維を含み、交感神経刺激によって眼球を突出させる働きをする。

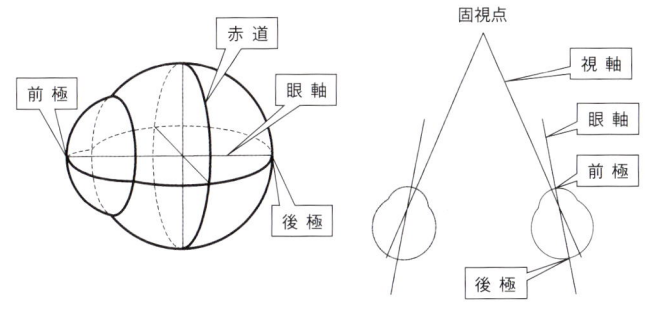

図1-1-1：眼の座標

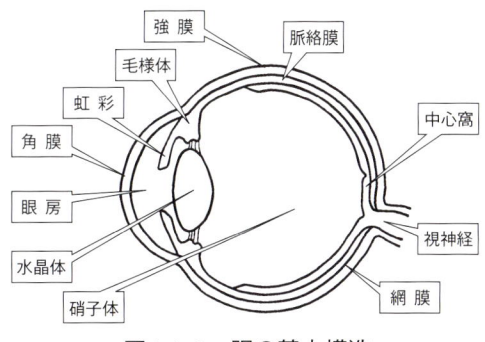

図1-1-2：眼の基本構造
中心窩はヒト・サルにみられ、他の哺乳類では相当する部位に中心野が存在する（1.8参照）

眼窩隔膜は稠密な線維性の膜で、眼窩内容物と眼瞼 eyelidとを分けている。

テノン膜Tenon's capsule（球筋膜bulbar fascia）は、結合組織性の膜で、輪部から視神経までの眼球を覆い、外眼筋 extraocular muscleの筋膜に連続し、結膜 conjunctiva、眼瞼と接続する。眼球が動くと、眼瞼や結膜も動くように、これらを固定している。また、後方では、毛様体動脈や視神経膜と接続する。外眼筋は、眼球赤道部付近でテノン膜を貫通して強膜に接続している。

## 1.2 脈管系と神経系

### 1) 眼の脈管系

#### a) 動脈系

内頸動脈から分枝した眼動脈 ophthalmic arteryは、視神経管を通って眼窩内へ入り眼窩内組織へ血液を供給する。さらに眼球の少し後方で視神経内に入り、網膜中心動脈 central retinal arteryとして視神経乳頭から眼球内に入り、網膜に分布して主に網膜内層に血液を供給する。網膜の血管走行には、動物種による差異がみられる（1.8 1)参照）。視神経内には入らずに十数本に枝分かれした後毛様動脈 posterior ciliary arteryは、視神経乳頭周囲で強膜を貫通して脈絡膜に入る。後毛様動脈は、さらに長後毛様動脈 long posterior ciliary arteryと短後毛様動脈 short posterior ciliary arteryに分岐する。長後毛様動脈は虹彩と毛様体、短後毛様動脈は視神経乳頭と脈絡膜に血液を供給する。眼動脈の分枝の一部は、外眼筋に血液を供給し、さらに角膜輪部後方で強膜を貫通して、前毛様動脈として虹彩と毛様体へ血液を供給する。

#### b) 静脈系

網膜に分布した静脈は視神経乳頭から視神経内へ入り、網膜中心静脈 central retinal veinとして網膜中心動脈と並行して走行する。眼球外へ出た網膜中心静脈は、眼窩内で上眼静脈 superior ophthalmic veinに流入する。脈絡膜、毛様体、虹彩からの静脈は、眼球赤

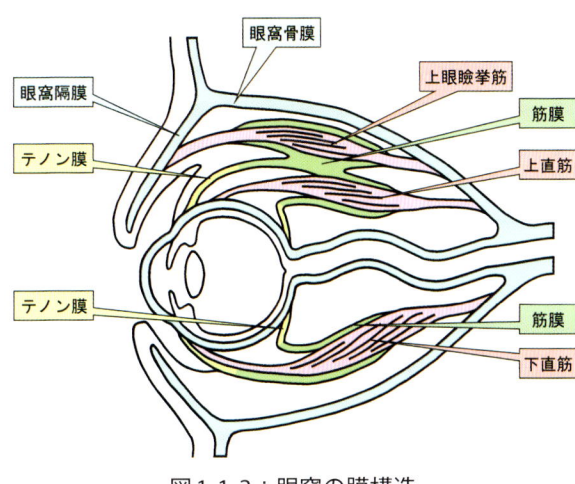

図1-1-3：眼窩の膜構造

道部のやや後方にある渦状静脈 vortex veinに集まり、眼外へ出て上眼静脈に流入する。上眼静脈はさらに集合して、海綿静脈洞 cavernous sinusに集まり、全身の静脈系へ還流する。

#### c) リンパ管系

眼のリンパ管には不明な点が多いが、結膜、角膜輪部、涙腺、毛様体及び視神経周囲にはリンパ管が存在する。一方、角膜、虹彩及び脈絡膜には存在しないことが明らかになっている。しかし、網膜や脈絡膜における炎症細胞がリンパ節に到達することから、リンパ管と同様の機能が存在するものと考えられている（根木：2010[1]）。

### 2) 眼免疫特権

炎症は生体防御のための反応であるが、過剰な炎症は正常組織をも傷つけ、場合によって生存の危機に陥ることがある。これを防ぐために、脳など高次の生命活動に関わる器官には、免疫特権と呼ばれる炎症を制御する仕組みが備えられている。眼においても、解剖学的バリア（血液－眼関門）などの仕組みが関与する眼免疫特権 ocular immune privilegeによって、過剰な炎症の影響から視覚機能が守られている（堀：2006[2], Williams：2008[3]）。

### 3) 眼の神経系

#### a) 視神経 (CN II)

網膜から脳に至る視神経の神経線維は、網膜神経節細胞 ganglion cell の軸索によって形成され、到達する領域によって視覚軸索 vision axon と瞳孔反射軸索 pupillary refrex axon に分類される（図2-4-4参照）。視神経の軸索は視交叉 optic chiasm で交換されるが、交換される視神経軸索の数には種差があることが知られ、ヒト、サルでは50％、イヌでは75％、ネコでは65％、ウシ、ウマ、ブタでは85〜90％、魚類、爬虫類及び鳥類では100％が交換されると言われている。有色マウスでは約3％が非交換軸索で、アルビノマウスでは全軸索が交換される（根木：2010[4]）。交換の比率が少ない動物種ほど立体視が発達している。

視覚軸索は、視神経、視交叉、視索 optic tract を介して外側膝状体 lateral geniculate body に達する。外側膝状体のシナプスでニューロンを換え、視放線 optic radiation となって後頭皮質に至る。

瞳孔反射軸索は、視神経、視索を介するが、外側膝状体に達する前に分岐し、視蓋前域核 pretectum のシナプスに達する。シナプス後の線維は、エディンガー・ヴェストファル核 Edinger-Westphal nucleus に達し、副交感神経を介して瞳孔反射 pupillary light reflex を起こす。

#### b) 動眼神経 (CN III)

動眼神経 oculomotor nerve は、上直筋 superior rectus、下直筋 inferior rectus、内直筋 medial rectus、下斜筋 inferior oblique 及び上眼瞼挙筋 levator palpebral superior muscle を支配し、眼球運動に大きな役割を果たしている。また、エディンガー・ヴェストファル核に起始する副交感神経線維は瞳孔括約筋 pupilary sphincter と毛様体筋 ciliary muscle を支配する。

動眼神経が傷害されると、瞳孔反射、眼瞼運動、眼球運動に異常が生じ、外側下方への眼球の変位、斜視 strabismus、眼瞼下垂 ptosis が認められる。副交感神経線維の障害では、散瞳が生じる。

#### c) 滑車神経 (CN IV)

滑車神経 trochlear nerve は、上斜筋 superior oblique を支配する。

滑車神経の障害は、頭部腫瘍、外傷、出血及びその他の中脳疾患によって生じ、眼球の外転 extortion によって斜視が生じる。

#### d) 三叉神経 (CN V)

三叉神経 trigeminal nerve は、眼神経 ophthalmic nerve、上顎神経 maxillary nerve、下顎神経 mandibular nerve の3分岐を有し、そのすべてが眼球と関係する。

眼神経は、角膜、結膜、眼角、上眼瞼及び眼内に知覚神経線維として分布する。眼神経に障害が生じると、角膜の感覚不全、瞬目反射と涙液分泌の減少をまねく。

上顎神経は、眼瞼裂 palpebral fissure の側方、下方、内側に知覚神経線維として分布する。

下顎神経は、咀嚼筋を支配している。下顎神経に障害が生じると、咀嚼筋が萎縮し、眼球陥凹 enophthalmia を生じることがある。

#### e) 外転神経 (CN VI)

外転神経 abducens nerve は、外直筋と眼球後引筋を支配する。外転神経の末梢障害では、正中下方への眼球変位や斜視が生じるが、外転神経核の障害では眼球後引筋の機能に影響はみられない。

#### f) 顔面神経 (CN VII)

顔面神経 facial nerve は、眼輪筋 orbicularis oculi を含む、顔面の筋を支配する。顔面神経が障害されると、瞬目不全、耳介下垂、口唇痙攣がみられる。中耳の近傍を通過するため、耳炎によって顔面神経が障害されることがある。その他、外傷、脳神経の炎症（免疫性、糖尿病、甲状腺機能低下）などで障害が生じる。涙腺に対しては反射性涙液分泌の遠心路として機能する。

#### g) 内耳神経 (CN VIII)

内耳神経 vestibulocochlear nerve は、眼球の動きや位置、特に眼振 nystagmus の発生に関与している。

#### h) 迷走神経 (CN X)

迷走神経 vargal nerve は、眼心反射 oculocardiac reflex の遠心路である。眼心反射は眼球の圧迫や牽引によって徐脈や不整脈が生じるもので、最悪の場合、死に至ることもある。頭部の手術などの際に、意図せずに眼球を圧迫することがないように十分に注意する必要がある。眼心反射は、アトロピンなどの副交感神経遮断薬の前投与によって予防することができる。

#### i) 交感神経系

交感神経系 sympathetic nerves system は、瞳孔散大筋 dilator pupilae muscle だけでなく、眼窩平滑筋、瞼板筋 tarsal muscle（ミューラー筋 Muller's muscle）、毛様体筋及び隅角受容体を支配している。交感神経の障害は、眼瞼下垂、縮瞳、眼球陥凹、瞬膜の突出 protrusion of the nictitans 及び血管拡張を引き起こす。ホーナー症候群 Horner's syndrome は交感神経の麻痺によって生じる。

### 4) 視野

視野の広さは、頭蓋骨における眼球の位置によって決定される。立体視を可能にする双眼視野は、両眼の視野がオーバーラップする部分の広さに依存している。一般的に草食動物の眼は頭部の側方にあって、広い視野を確保しているのに対し、肉食動物の眼は頭部の前方にあって、立体視が可能な配置となっている。これは、外敵の

存在を早く察知したい草食動物と、餌となる動物を捕獲する肉食動物の行動様式の違いが関係している。

外側からの線維は、視交叉で同側の視索に至り、内側からの線維は視交叉で交換される。

## 1.3 外眼筋（図1-3-1）

眼球運動は、動眼神経、外転神経及び滑車神経の支配を受ける外眼筋の働きによってもたらされる。外眼筋には4種類の直筋（上直筋superior rectus、下直筋inferior rectus、内直筋medial rectus、外直筋lateral rectus）と2種類の斜筋（上斜筋superior oblique、下斜筋inferior oblique）が含まれる。ヒトの場合は、外眼筋を使って眼球を活発に動かすが、ヒト以外のほとんどの哺乳類は、以上の6種類の外眼筋が揃っているのにも関わらず、ものを見るときに眼球を動かすのではなく首全体を動かしている。

直筋は、眼球の赤道部のやや前方で強膜と接続し、内直筋が最も短い。外直筋は外転神経、その他は動眼神経の支配を受けている。

上斜筋は、上直筋と内直筋の間から起始し、軟骨で構成されている滑車trochleaで反転して、上直筋と外直筋の間の強膜に付着する。滑車神経に支配され、収縮すると眼球は内方へ回転する。下斜筋は、動眼神経に支配され、収縮すると眼球は外方へ回転する。外眼筋のなかで、最も短い。

ディシェンヌ型筋ジストロフィーは、筋線維の細胞骨格タンパク質であるジストロフィン遺伝子の異常によって発症する。全身の筋が壊死・変性するため、横隔膜や心筋が侵され、呼吸不全あるいは心不全で死に至る。しかし、外眼筋ではジストロフィンに類似するユートロフィンが発現しているため、外眼筋の機能はほとんど損なわれない（Porter et.al: 2003[5]）。生体として極めて重要な呼吸や心機能以上に、視覚機能を維持する仕組みがあることは興味深い。

眼球後引筋retractor oculi muscleは眼窩の奥で円錐形を形作り、外眼筋の直筋を包み込んでいる。外転神経に支配され、眼球を後方へ引き込ませる。上眼瞼挙筋levator palpebral superior muscleは動眼神経に支配され、上眼瞼を上方へ引き上げる。上直筋と筋膜で緊密に連結されており、動物が上方を見たとき、上眼瞼も同時に開く。球後の筋膜に包まれる平滑筋は、交感神経支配を受け、眼球を前方へ押し出す作用を持つ。

## 1.4 眼瞼、結膜、瞬膜

### 1）眼瞼（図1-4-1）

眼瞼eyelidは、眼組織の物理的障壁として働く。眼周囲の皮膚、結膜及び角膜に対する触感、化学的刺激及び温度などの刺激に対して、眼瞼を閉じる反応を眼瞼反射palpebral reflaxという。また、眼瞼は眼に届く光の量を調整する役割や、さらには涙液層tear film*を整えて角膜の乾燥を防いでいる。

眼瞼は、皮膚、睫毛cilia、結膜、眼輪筋、瞼板tarsus及びマイボーム腺Meibomian glandで構成されており、前面に眼瞼裂palpebral fissureを開口する。眼瞼の皮膚の量、眼瞼裂の長さには、種差、品種間の相違がみられる。涙液層や角膜の機能を維持するため、眼瞼は自由に動作して眼瞼裂を閉鎖することができる。眼瞼の皮膚は、極めて薄く柔軟でその動作性が確保されており、顔面の皮膚に連続している。瞼板は、眼瞼縁から3〜4 mmに位置するシート状の結合線維組織で、眼瞼縁に適度な硬さを与えている。特に、霊長類の瞼板は強固な組織である。

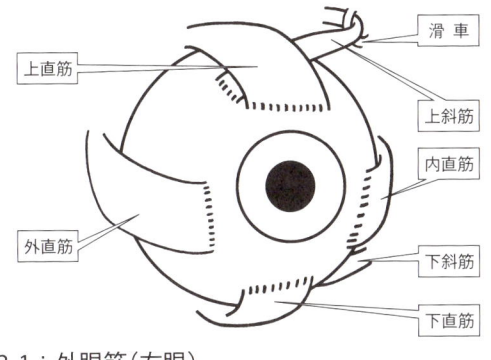

図1-3-1：外眼筋（右眼）

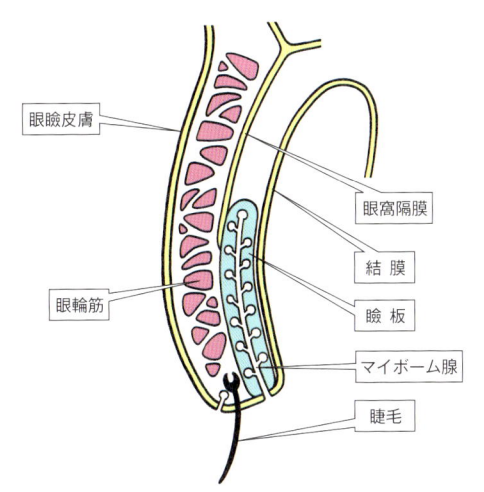

図1-4-1：眼瞼

---

*Tear filmの訳語として、獣医眼科領域では「涙膜」がしばしば使われるが、医学眼科領域では、近年「涙液層」を使用することが多いので、本書では「涙液層」と記載する。

正常な眼瞼縁は、角膜の表面に密着している。眼瞼を閉鎖するとき、眼瞼縁は、外眼角から内眼角方向へ動き、涙液成分を角膜表面に伸展させながら、涙液を正中側の涙点方向へ移動させ、その排出を助けている。瞬目の程度や頻度には、種、品種間で相違がある。げっ歯類やウサギは、涙液にハーダー腺由来の脂質を多く含んでいて涙液の蒸散を防いでいるので、ほとんど瞬目しない。

下眼瞼より上眼瞼が動作性に優れ、上眼瞼が眼の約70〜90％を覆っているのに対し、下眼瞼はほとんど動作しない。眼角に位置する靭帯が眼瞼を横方向へ広げている。眼瞼の閉鎖は顔面神経に、開眼は動眼神経に、眼瞼の知覚は三叉神経に支配されている。

眼輪筋は眼瞼を閉鎖する括約筋で、横紋筋で構成され、眼瞼裂周囲に輪状に走行し、顔面神経の分岐に支配されている。

上眼瞼挙筋は、眼窩後部に起始し、上直筋の近傍を経由して上眼瞼の眼輪筋線維に到達している。上眼瞼を開く機能を持つが、下眼瞼にはそれに相当する筋はない。上直筋とともに動眼神経の支配を受ける。眼輪筋や上眼瞼挙筋の加齢による萎縮は、眼瞼下垂の原因となる。眼輪筋が弛緩し、上眼瞼挙筋が収縮することで、眼瞼は開く。

瞼板筋は平滑筋で、上下の眼瞼内で垂直に走行し、三叉神経を介する交感神経支配を受けて瞼板に緊張を与えている。瞼板筋は開眼に寄与し、ホーナー症候群において交感神経刺激を喪失すると、眼瞼下垂、瞬膜の突出、縮瞳及び眼球陥凹が生じる。

睫毛は種によって様々で、ヒトは上眼瞼と下眼瞼に、イヌには上眼瞼のみに睫毛があり、ネコでは上下眼瞼ともに睫毛がない。睫毛は、マイボーム腺（瞼板腺 tarsal gland）開口部のすぐ外側に発生している。なお、眼及び鼻周囲には、触覚を有するヒゲ vibrissae がある。ヒゲには三叉神経からの知覚神経終末が発達していて、多くの動物種で、外部情報の入力源として視覚、聴覚、嗅覚に匹敵する重要な役割を果たしている。

マイボーム腺は、涙液の油層成分を分泌する脂質腺で、眼瞼縁に近い眼瞼結膜 palpebral conjunctiva 下で一列に並んでいて、結膜を通し黄色の腺組織を観察することができる。中央に導管があり、その周囲にぶどうの房状の腺房組織が小葉を形成している（根木：2010[4]）。その開口部は、眼瞼と結膜の境界部に並び、灰白色の小さな点のラインとして観察できることから、外科手術時の指標としてよく用いられている（図1-4-2）。その分泌成分は、涙液の油層 lipid layer を構成し、角膜の機能維持に重要である。さらに睫毛の前方には脂肪を分泌するツァイス腺 Zeis gland と、アポクリン汗腺の一種であるモル腺 Moll gland（睫毛腺 ciliary gland）がある。

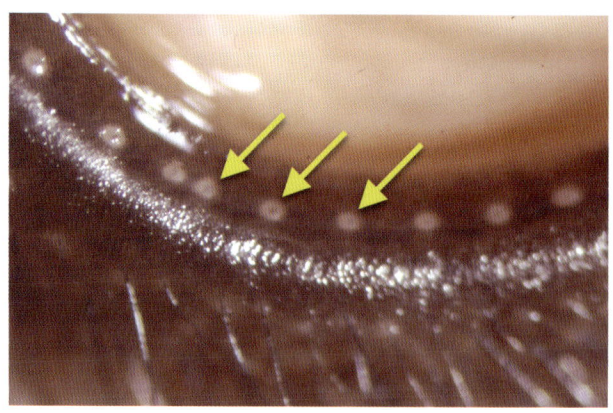

図1-4-2：イヌのマイボーム腺開口部（黄色矢印）
（工藤動物病院、工藤荘六博士より恵与）

表皮、睫毛、結膜上皮、涙腺、瞬膜腺、鼻涙管系及びマイボーム腺は表皮外胚葉から発生し、真皮と瞼板は間葉から発生する。眼瞼は、多くの動物種で生後10〜14日間は閉鎖したままである。

### 2）結膜

結膜 conjunctiva は、表皮外胚葉に由来し、可動性、弾力性のある粘膜で、眼瞼の内側（眼瞼結膜 palpebral conjunctiva）、瞬膜 nictitating membrane、眼球の前部（眼球結膜 bulbar conjunctiva）を覆う。ほとんどの動物種の結膜は色素を欠くが、サルは結膜に色素を有している。眼球結膜は、筋膜によって緩やかに眼球と接着して可動性を確保しているが、眼瞼結膜は輪部で強膜と、眼球表面ではテノン膜と強固に接着している。

結膜は血管に富み、眼瞼結膜は眼瞼血管から、眼球結膜は前部毛様体血管から、それぞれ血液供給を受けている。結膜下には繊細な動脈、毛細血管及び静脈が発達している。結膜の血管は鈍い赤色で分岐が多く可動性があるのに対し、強膜の血管は直線的で分岐がなく明るい赤色で可動性がないので、区別することができる。眼瞼結膜は眼球結膜より毛細血管網が発達しており赤くみえる。正常でもリンパ濾胞が存在するが、肉眼で観察することはできない。

眼瞼結膜と眼球結膜の移行部分を結膜円蓋 fornix と呼び、涙腺の開口部がある。また、眼瞼結膜と眼球結膜で形成される袋状の組織を結膜嚢 conjunctiva sac という。

結膜は、色素を持たない上皮と固有層からなり、若干の肥満細胞と組織球を有する。結膜上皮は2〜5層の細胞から構成され、杯細胞 goblet cell が多数みられる。杯細胞の多くは、正中側の結膜嚢に集中しており、眼球結膜には杯細胞はほとんどない。

結膜の固有層は、リンパ組織に富み、眼球に対する免疫系細胞の供給源になっている。特に、無血管組織である角膜の炎症反応に対して重要な役割を果たしている。

## 3) 瞬膜

瞬膜 nictitating membrane（第三眼瞼 third eyelid）は内眼角下方に位置し、眼瞼面と眼球面の両方が杯細胞に富む結膜に覆われている。位置と突出の程度は、眼球の大きさ、眼窩内における眼球の位置、眼窩の深さと内容物、眼瞼裂の長さが影響する。瞬膜の先端部にはしばしば色素が沈着するが、正常でも色素を欠く動物もあり、また加齢によっても変化する。イヌの瞬膜は、受動的に動作するだけで、眼球が牽引された時に突出するが、ネコでは平滑筋が瞬膜の動作に関与する。瞬膜は、眼球が眼窩へ陥凹する時に受動的に眼球表面を覆う。

瞬膜では、涙液の水性成分の約50%を分泌する瞬膜腺が、軟骨の起始部を覆うように分布している。瞬膜を覆う結膜の杯細胞と瞬膜腺は、涙液成分の生成に重要な役割を果たしている。角膜彎曲の曲線に一致している軟骨が瞬膜の骨格を形成している。結膜は表皮外胚葉に、軟骨は神経堤細胞に由来する。

## 1.5　涙液層、角膜、強膜

角膜と強膜で構成される線維膜は、眼球の最外層を覆い、視覚機能が正常に働くように眼球を一定の形状に維持している。涙液層は、角膜及び結膜表面を覆って、それらを保護する役割を担っている。

角膜と結膜は発生学的に同一の起源（表皮外胚葉）で、協同してその役割を果たしている。このことから、近年では、感染症や異物の侵襲、免疫反応及び点眼薬の吸収などに対する概念として、角膜と結膜を併せ、さらに涙液層を加えて、オキュラーサーフェイス ocular surface というユニットとして捉える考え方が定着している。

### 1) 涙液層（図1-5-1）

涙液層（涙膜）tear film は、涙液によって角膜と結膜の表面を覆い、環境変化（pH、浸透圧、温度など）に対する緩衝作用、洗浄作用、異物の除去、角膜表面の光学的平滑性維持、眼瞼と瞬膜の円滑な動作、角膜への酸素供給及び微生物コントロールなど、多彩な機能を有する。涙液層は厚さ7～9μmで、涙液成分は血清に比べるとカリウムイオン、乳酸が多く、カルシウム、グルコース、タンパク質が少ない。

涙液は、主に水性成分、脂質成分、ムチン成分によって構成されている。古典的には、外側から油層 lipid layer、水層、ムチン層の三層構造を形成していると言われてきたが、近年、上皮を覆うのは杯細胞に由来する分泌型ムチンではなく、角膜上皮及び結膜上皮に由来する膜型のムチンであると考えられるようになった（Gipson: 2004[6]）。現在は、涙液層は油層と液層 aqueous layer の二層からなるという考えに変わりつつある（横井ら: 2012[7]）。

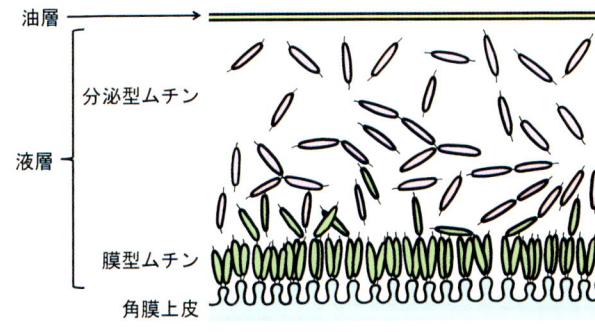

**図1-5-1：涙液層の概念図**
油層と液層の二層から構成されるという最近の概念を示す。
涙液層の最外層は、薄い油層に覆われる。液層には分泌型のムチンがゲル構造を形成し、角膜上皮表面の絨毛には膜型のムチンがそれぞれ存在する。

油層は、涙液層の最も外側層（厚さ0.05～0.1μm）で、構成成分は、主にマイボーム腺から分泌されている。涙液の水性成分の蒸散を防いでいるほか、涙液層表面を平滑に保つことで光学的均一性を維持している。眼瞼をスムーズに動作させる潤滑作用も有する。油層の成分は融点が皮脂よりも低く、両極性である。アンドロゲンはマイボーム腺の脂質分泌を亢進し、エストロゲンは抑制すると考えられている（Bron et.al: 1998[8], Sullivan et al: 1998[9]）。

ハーダー腺は、ウシ、げっ歯類、鳥類、爬虫類及び両生類などで重要な脂質の分泌器官となっている（Buzzell: 1996[10]）。また、げっ歯類の眼周囲にしばしば認められる赤色分泌物はハーダー腺由来のポルフィリンで、唾液腺涙腺炎（SDA）ウイルスなどの上部気道感染、全身へのストレスなどで増加するほか、眼に対する単純な刺激でも分泌がみられる。霊長類や肉食獣にハーダー腺は認められない。

液層の水性成分の分泌様式は、基礎涙液分泌 basal lacrimation と反射性涙液分泌 reflex lacrimation の2種類に分類される。基礎涙液分泌は、外部からの刺激とは無関係に、副涙腺（ヴォルフリング腺 Wolfring gland、クラウゼ腺 Krause gland）から恒常的に分泌されるものである。一方、反射性涙液分泌は、外部刺激に反応して、主涙腺と瞬膜腺から分泌されるものである。イヌでは主涙腺が60～70%、瞬膜腺が30～40%を分泌すると言われるが、ラット・マウスに瞬膜腺は認められない（Williams: 2007[11]）。主涙腺は、眼窩外側上方の眼窩靭帯と前頭骨の眼窩上突起下方に位置し、涙液は上円蓋 superior fornix に開口する多数の導管を介して結膜嚢に分泌される。ヴォルフリング腺は上眼瞼の瞼板上部に散在し、クラウゼ腺は上下の結膜円蓋部に存在する。涙液分泌は、主に顔面神経の副交感神経線維、三叉神経終末及び翼口蓋神経節の交感神経線維に支配されている。

涙腺は、神経伝達物質の刺激によって、水性成分とと

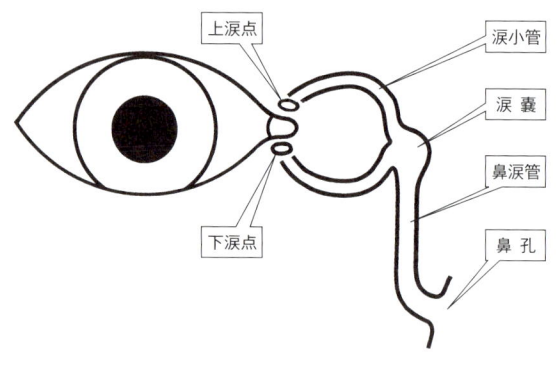

図1-5-2：鼻涙管系

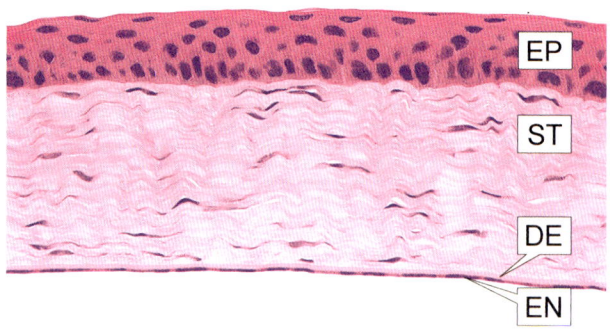

図1-5-3：正常Sprague-Dawley系ラット角膜のHE染色組織写真
EP：角膜上皮　ST：角膜実質　DE：デスメ膜　EN：角膜内皮
（ボゾリサーチセンター、花見正幸博士より恵与）

もに電解質及びタンパク質成分を分泌する。電解質は、涙腺の腺房細胞及び導管細胞の細胞膜に存在するイオンポンプやイオンチャネルを介して分泌される。水分は、電解質分泌によって生じる浸透圧勾配に従って分泌される。しかし、反射性涙液分泌時にみられる大量の水分分泌のすべてが、浸透圧勾配によるものか否かには疑問が残っている（根木：2010[1]）。基礎涙液分泌、反射性涙液分泌のいずれにおいても、抗菌性成分（リゾチーム、ラクトフェリン、白血球、免疫グロブリン）が含まれている。結膜由来のアルブミン、免疫グロブリン、乳酸脱水素酵素及びリソソーム酵素も液層に含まれる。正常なヒト涙液のターンオーバー比は毎分12〜16％である（2〜3 mL／日の分泌）が、反射性涙液分泌が加わると毎分300％にも達する。

杯細胞は、ヒスタミン、抗原、免疫複合体及び機械的刺激（瞬目）によって約2〜3 μL／日の分泌型ムチンを放出する。分泌型ムチンはゲル構造を形成し細菌や異物を取り込み、瞬目によって分泌型ムチンが鼻涙管へ排出される過程を介してそれらを除去している。

膜型ムチンの糖鎖部分は陰性に荷電して親水性となり、疎水性の角膜上皮あるいは結膜上皮表面と涙液の水性成分を接着している。さらに膜型ムチンは、角膜上皮表面の凹凸を埋め、水性成分中の酸素が角膜へ拡散するのを助けている。

涙液の一部は角膜表面から蒸発するが、ほとんどは瞬目によって内眼角へ集められ、鼻涙管 nasolacrimal duct 系へ排出される。涙液の排出には、瞬目時に外側から内側に向かって閉鎖する眼瞼の動作が推進力になっている。また、涙嚢 lacrimal sac のポンプ作用も、鼻涙管への涙液の排出を助けている。さらに、閉眼時でも涙液は鼻涙管系へ排出されることから、瞬目とポンプ作用のみならず、重力も作用していると考えられている。涙液は、内眼角の2つの涙点 punctum（上涙点及び下涙点）から涙小管 canaliculus へ入り、涙嚢で合流し、鼻涙管を経て鼻腔へ排出される。涙液の排出には、主に下涙点が働いており、上涙点を欠損しても流涙 epiphora はみられない。イヌの涙嚢は未発達で、涙小管の単なる合流点に過ぎない。また、涙液のほとんどは、涙嚢と鼻涙管で吸収されており、正常状態において鼻腔へ排出される涙液は微量である（図1-5-2）。

**2）角膜**（図1-5-3）

角膜 cornea は、眼球の前面を覆う透明な無血管の組織である。多くの動物種で、角膜は垂直方向より水平方向に長い長円形（ヒト：横径12 mm、縦径11 mm）である。この形態をとることで、水平方向に広い視野を確保することができる。角膜の厚さは、モルモットの0.2 mmからウシの0.8 mmまで動物種によって様々（Edelhauser：2006[12]）で、ヒトでは中央部0.5 mm、周辺部0.7 mmである。

角膜は5層構造で、外側から角膜上皮、ボーマン膜、角膜実質、デスメ膜及び角膜内皮からなる。角膜は、角膜輪部 limbus で強膜に移行する。

角膜は、光を透過させると同時に視軸上に焦点を結ぶように強力なレンズとして機能している。すなわち、角膜全体の屈折力は40〜42 D（ヒト：約43 D）で、眼球全体の屈折力の約70％を担っており、視覚器のなかで、最も強い屈折力 refractive power を持っている。このため、水晶体以上に屈折に果たす役割は大きい。角膜が混濁するか、その表面が不整になると、視覚に著しい影響を及ぼす。

角膜は、透明性維持を阻害する血管を持たず、グルコースは房水から、酸素は大気から供給される。涙液に溶解した大気中の酸素が、拡散作用によって角膜内部へ吸収されている。酸素が豊富であるので、TCAサイクルによる効率的なエネルギー代謝が行われている。閉眼すると大気から酸素供給を受けられないので、睡眠中は角膜の酸素分圧が低下して嫌気性糖代謝が進むため乳酸が蓄積

し、角膜浮腫が生じる（根木：2010⁴）。しかし、この生理的な角膜浮腫は、起床後約1時間で回復する。輪部近傍部分の角膜は、周辺の結膜血管から栄養供給を受けている。

角膜は、三叉神経trigeminal nerveの眼神経枝から分岐した長毛様体神経に支配されている。角膜上皮層には主に痛覚受容体が、角膜実質には圧受容体が分布している。特に、角膜上皮層には神経が豊富に存在する。三叉神経の神経線維は無髄で、辺縁部から角膜実質に入り、ボーマン膜を貫通して角膜上皮層に達する。角膜の知覚神経刺激に対する軸索反射は、縮瞳、眼房出血、眼圧上昇及び房水タンパク質の増加を引き起こす。

角膜は、表皮外胚葉、間葉系細胞及び神経堤細胞に由来する。初期の表皮外胚葉から水晶体胞が分離する時期に、両者の間に間葉系細胞と神経堤細胞が侵入する。表皮外胚葉は角膜上皮に、間葉系細胞と神経堤細胞は角膜実質と角膜内皮に分化する。

### a) 角膜上皮とボーマン膜

角膜上皮corneal epitheliumは、非角化性の重層扁平上皮で5～6層の細胞で構成され、結膜に連続している。

角膜上皮の基底細胞basal cellは、一層の円柱細胞で、最深層に位置する。角膜上皮は活発な再生能を有し、基底細胞が細胞内小器官を失い扁平化した翼細胞wing cellを経て、表層細胞superficial cellを形成する。小さい障害であれば数時間で修復され、角膜全体の潰瘍であっても、角膜輪部の角膜上皮幹細胞から分化増殖するため、約1週間で角膜は修復される。すなわち、幹細胞の健全性は、角膜上皮疾患の予後に大きな影響を与えている。表層細胞は扁平多角形で、表面の微絨毛は涙液層保持と涙液からの酸素吸収に寄与している。上皮細胞のタイトジャンクションは、涙液から角膜への水分流入を防いでいる。基底細胞は、豊富にグリコーゲンを有している。まれに基底細胞層にリンパ球が認められる。

ヒト・サルではI、III、V、VI型コラーゲンで構成される線維層であるボーマン膜Bowman membraneが発達している。ヒトの場合、ボーマン膜の厚さは8～18μmである。ボーマン膜の由来については、胎生期の角膜上皮が産生した基底膜という考え方と、角膜実質の一部という考え方があるが、生後に喪失すると再生することはない。

### b) 角膜実質

角膜実質corneal stromaは、角膜の約80～90%を占め、膠原線維と散在する角膜細胞（角膜実質細胞）keratocyteによって構成されている。直径約30 nmの膠原線維が620～640Åの間隔で正確に配列し、99%の光線を散乱させることなく通過させることで、透明性を維持している。膠原線維が整然と配列してシートを形成し、互いに異なった方向に走行する線維のシートが重なり合う構造を呈している。

角膜実質の膠原線維にはI、III、V、VI、XII型コラーゲンが認められ、I型コラーゲンが最も豊富である。VI型コラーゲンは、線維間の連結を担っているほか、損傷の修復にも関与している。角膜実質には、コラーゲンの他にムコ多糖類が含まれるが、ムコ多糖類は吸水力が強いため、角膜実質は常に膨潤する傾向にある。ヒト角膜の水分含量は約78%で、この正常値より増加してもあるいは減少しても混濁を生じる（Edelhauser：2006¹²）ため、角膜内皮細胞のポンプ機能によって水分を汲みだし、角膜の水分含量を一定に維持している。

角膜細胞は、薄い核、繊細な細胞膜を有して角膜障害の治癒過程に関与する。角膜実質の再生能は限定的で、角膜細胞から線維芽細胞に形質転換することで修復されるが、膠原線維の組成が異なるために不透明な瘢痕を形成する。修復期間が7～10日を超えるような大きい損傷では、より栄養を必要とすることから血管が新生し、損傷部位が最初に肉芽組織で埋められる。角膜実質には、わずかながら輪部から遊走してきたリンパ球、マクロファージも認められる。

遊走白血球は、傷害を受けてから30分後には角膜中心部にも認められるようになる。角膜実質は親水性で、角膜上皮が破綻したときにフルオレセインに染色される。

### c) 角膜内皮とデスメ膜

角膜の最内層は、隅角iridocorneal angleに連続する一層の角膜内皮corneal endotheliumに覆われ、房水と接している。正常の角膜内皮細胞は、六角形を示す。ウサギ以外の動物種では、角膜内皮細胞に再生能がなく、障害時には残存している内皮細胞が伸展することで修復する。このため、角膜内皮細胞は、加齢とともに数を減らし、その密度は50%以下にまでに減少する。ヒト角膜内皮細胞の正常値は3000±500個／mm²で、500個／mm²以下まで減少すると角膜実質の不可逆的な浮腫が生じる。

ヒト角膜内皮細胞の密度は、部位によって異なり、角膜周辺部で多く、中央部で少ない。しかし、他の動物種ではそのような顕著な差は認められない（Edelhauser：2006¹²）（表1-5-1）。

角膜内皮は代謝的に活発で、Na-K ATPase及びHCO₃⁻ ATPaseによってイオンとともに水を汲みだし角膜実質の水分含量を維持している。これらのポンプ機能に障害が生じると、角膜浮腫を引き起こす。開

表1-5-1：動物種ごとにおける角膜内皮細胞密度の部位による相違

|  | 中央部 | 中間部 | 周辺部 |
|---|---|---|---|
| ラット | 2601 ± 280 | 2506 ± 231 | 2146 ± 390 |
| マウス | 2845 ± 209 | 2866 ± 376 | 2610 ± 320 |
| ウサギ | 3926 ± 382 | 3733 ± 504 | 3612 ± 365 |
| アカゲザル | 3597 | − | 4049 |
| ヒト | 2712 ± 258 | 2863 ± 211 | 2982 ± 229 |

細胞数／mm² ± 標準偏差

眼時の幼若動物では、これらのポンプ機能がまだ機能していないため、正常でも角膜は混濁している。

角膜実質下に存在するデスメ膜 Desmet's membrane は、主にIV型コラーゲンで構成される内皮細胞の基底膜である。イヌでは10〜15 μm、ヒトでは5〜10 μmの厚さを持ち、生涯を通じて産生され加齢に従い肥厚する。また、角膜内皮細胞がストレスを受けるとコラーゲンが産生され、デスメ膜は肥厚する。デスメ膜は一定の張力を持っており、角膜実質との接着は緩く、破断すると断端は巻き上がる。シュワルベ線 Schwalbe's line（シュワルベ輪 Schwalbe's ring）は、隅角部におけるデスメ膜の終端で、隅角検査では毛様体前面と平行な線として観察される。

### 3）強膜

強膜 sclera は、眼球の後方3/4ないし5/6を覆う線維膜（厚さはヒトで0.3〜1.0 mm）である。強膜の色調は、その厚さ（薄いと青色を呈する）と脂肪含量（増加すると黄色を呈する）に依存する。赤道部、すなわち外眼筋固定部のすぐ後方が最も薄い。主に膠原線維で組成され、その他に線維芽細胞と輪部にメラニン細胞が認められる。強膜の膠原線維は、線維の太さが30 nmないし300 nmとまちまちで配列も不規則であり、さらに水と結合するムコ多糖類が少ないために強膜は不透明である。強膜のほとんどは無血管であるが、最外層の上強膜には血管が存在している。上強膜は、強膜とテノン膜に接続するルーズな結合組織によって構成される。

強膜は前方で、輪部の角膜に覆いかぶさるようにして連続する。強膜は、視神経乳頭部で欠損しているが、実際には、内側1/3の強膜は篩状板 lamina cribrosa に連続し、外側2/3の強膜はそのまま視神経鞘となって硬膜へと移行する。篩状板において、視神経は強膜を貫通している。

強膜は神経堤細胞と間葉系細胞に由来し、膠原線維が眼球の前方から後方に向かって発達し、胎生期に視神経鞘との接続が完了する。

## 1.6　ぶどう膜

ぶどう膜 uvea は、眼球の外側から2番目の層をなし、他の眼組織への血液供給を担う血管膜である。虹彩、毛様体、脈絡膜から構成され、虹彩と毛様体を前部ぶどう膜、脈絡膜を後部ぶどう膜とも呼ぶ。血管が豊富で、ぶどう色に見えることからぶどう膜という名前が与えられている。メラニン細胞とメラニンが豊富なだけでなく、結合組織と神経を有し、さらに虹彩と毛様体は、平滑筋を有する。

### 1）虹彩（図1-6-1、図1-6-2）

虹彩 iris は、前房 anterior chamber と後房 posterior chamber を区分する隔壁で、前房と後房を連絡する瞳孔 pupil が中央部に開口する。瞳孔の形状は、種によって形状が異なり、イヌ、ラット、マウス、ウサギ、モルモット及び霊長類は円形、ネコは縦型のスリット状である。虹彩には筋があって、虹彩に開口する瞳孔の大きさを変えることができる。この仕組みによって、虹彩は、網膜に達する光量を調節する絞りの役目を果たしている。すなわち、明るいときには縮瞳して入射する光量を制限し、暗いときは散瞳させて光量を確保する。虹彩には、色素が豊富に存在している。虹彩の色調は、被毛と皮膚の色素と相関し、しばしば濃い色調を持つ品種の虹彩は褐色で、白色に近い品種は青色の虹彩を有する。ネコでは、黄色、緑色及び青色の虹彩をみることができる。

虹彩前表面の瞳孔寄りには放射状の紋様が、根部寄りでは輪状の紋様がある。この境界には、捲縮輪 collarette と呼ばれるヒダが存在する。虹彩の前表面は、線維芽細胞とメラニン細胞で構成されており、基底膜は存在せず上皮の形態をとっていない。虹彩固有層は、膠原線維、血管、神経、線維芽細胞、メラニン細胞、瞳孔括約筋 pupilary sphincter によって構成される。固有層の色素量は様々である。固有層の血管内皮に存在するタイトジャンクションが、血液−眼関門を形成している。

瞳孔括約筋は、薄い平滑筋の束で構成される扁平な帯状の筋で、瞳孔縁近傍の固有層を輪状に走行している。瞳孔括約筋は、虹彩色素上皮から分化したものであるが、虹彩色素上皮からは独立している。動眼神経の副交感神経系に支配され、瞳孔括約筋が収縮すると縮瞳する。

虹彩の後表面は、2層の上皮細胞で覆われる。前側、すなわち固有層側の虹彩色素上皮 iris pigmented epithelium は、毛様体色素上皮、網膜色素上皮に連続する細胞層である。後側、すなわち水晶体側の網膜虹彩部 iridic portion of retina は、毛様体無色素上皮（網膜毛様体部）と網膜に連続する細胞層である。虹彩では、色素上皮のみならず、網膜虹彩部にも豊富に色素があって、通常の顕微鏡検査では1

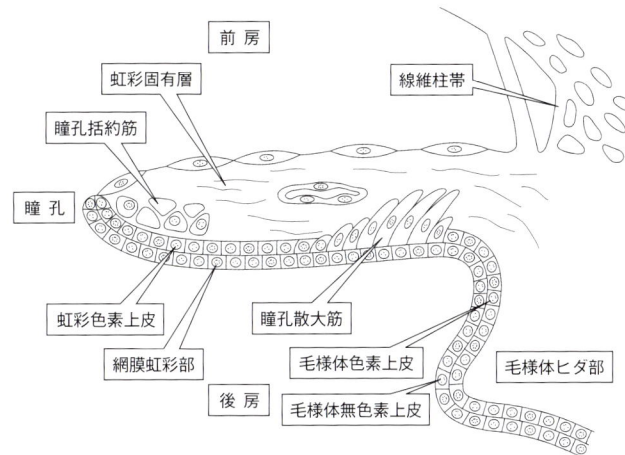

図1-6-1：虹彩の組織構造

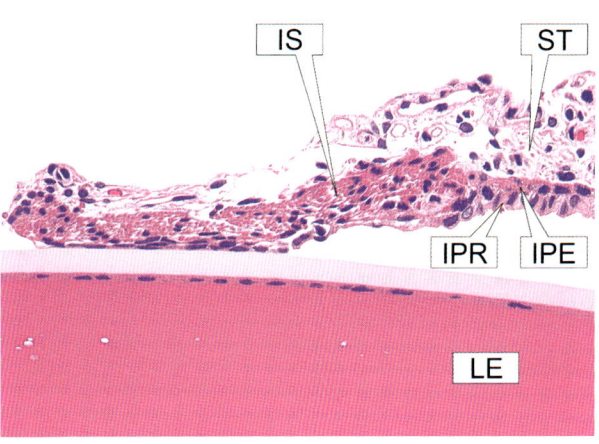

図1-6-2：正常Sprague-Dawley系ラット虹彩先端部のHE染色組織写真
IS：瞳孔括約筋　ST：虹彩固有層　IPE：虹彩色素上皮細胞
IPR：網膜虹彩部　LE：水晶体
（ボゾリサーチセンター、花見正幸博士より恵与）

層の細胞のように観察されることから、2層を併せて虹彩色素上皮と呼ぶこともある。いずれの層も、網膜・網膜色素上皮と同様に、胎生期の眼杯optic cupに由来する。網膜色素上皮のメラニン顆粒が長円形を示すのに対し、虹彩色素上皮細胞のメラニン顆粒は球形で、網膜色素上皮のものより大きい。虹彩色素上皮は、すべての眼組織のなかで最も色素が豊富である。

瞳孔散大筋dilator pupilae muscleは、好酸性で帯状の層として認められるが、虹彩色素上皮細胞の細胞突起が平滑筋に分化したもので、毛様体色素上皮に連続した細胞層として観察される。瞳孔散大筋に色素は認められない。ネコは、スリット状を呈する瞳孔の上下端部に瞳孔散大筋を持たない。瞳孔散大筋は、三叉神経の交感神経支配を受け、収縮すると散瞳する。

虹彩の動脈は、根部に位置する環状の虹彩大動脈輪から分岐して、放射状の動脈が瞳孔縁近くにまで達している。虹彩の静脈は、放射状を呈し、前部脈絡膜静脈と渦状静脈に合流する。

虹彩は、水晶体と角膜の間に侵入する間葉系細胞と神経堤細胞、さらに眼杯を形成する神経外胚葉に由来する。間葉系細胞と神経堤細胞が虹彩固有層に分化する。眼杯が前方に伸びて虹彩上皮層を形成して虹彩の後面を覆う。さらに虹彩上皮から瞳孔括約筋と瞳孔散大筋が分化する。発生過程の瞳孔は、捲縮輪に起始する瞳孔膜によって閉鎖されている。

**2）毛様体**（図1-6-3）

毛様体ciliary bodyは、房水aqueous humor産生、硝子体のヒアルロン酸産生、水晶体の保持、水晶体の屈折の調節、房水排出及び血液－眼関門への関与といった機能を有している。毛様体は、前方（虹彩側）の毛様体ヒダ部pars plicataと後方（脈絡膜側）の毛様体扁平部pars

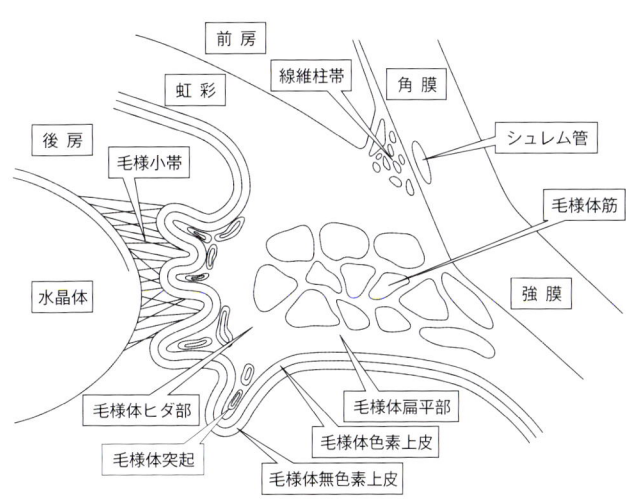

図1-6-3：毛様体の組織構造
シュレム管はヒト・サルにみられ、他の哺乳類には存在しない。

planaからなる2つの部分に分けられ、毛様体扁平部は、後方の鋸状縁ora serrataで脈絡膜に連続する。

毛様体は、固有層、血管と2層の立方上皮で構成される。

2層の立方上皮のうち、外側（眼房側）の無色素上皮（網膜毛様体部・毛様体上皮）は、前方で網膜虹彩部と後方で網膜と連続する。内側（強膜側）の毛様体色素上皮は、前方で虹彩色素上皮（瞳孔散大筋）と、後方で網膜色素上皮と、それぞれ連続する。これらの上皮は、タイトジャンクションで接合し、血液－眼関門を形成している。すなわち、毛様体における血液－眼関門は、無色素上皮と毛様体色素上皮間に存在する。毛様体ヒダ部、扁平部ともにメラニンは豊富である。毛様体の血液－眼関門には種差があり、霊長類＞イヌ＞ウサギの順に強固である（Hendrix: 2007[13]）。

表1-6-1. 房水と血漿の成分比較

| 成分 | 動物種 | 房水 | 血漿 |
|---|---|---|---|
| グルコース (mmol/kg $H_2O$) | ヒト | 2.77 | 5.91 |
| | ウサギ | 4.95 | 5.34 |
| 総タンパク質 (mg/mL) | ヒト | 5〜16 | 65〜80 |
| | ウサギ | 0.52 | 60 |
| アスコルビン酸 (mmol/kg $H_2O$) | ヒト | 1.06 | 0.04 |
| | ウサギ | 0.96 | 0.02 |
| グルタチオン (mg/100 g) | ウサギ | 28.6〜40.6 | 0.41 |

(岩田:1986を改変)[14]

毛様体ヒダ部は、薄い輪状のヒダを形成する毛様体突起ciliary processで構成される。毛様体突起には、虹彩大動脈輪から分岐した毛細血管が密に分布し、毛細血管は有窓構造を有しているので、毛様体突起の血管外には血漿成分が豊富に貯留する。その血漿成分から房水が産生される。また、無色素上皮は硝子体のヒアルロン酸を産生している。

毛様体ヒダ部の毛様小帯zonuleは、水晶体を懸垂している。水晶体を保持しているだけでなく、毛様体筋ciliary muscleの収縮によって水晶体の屈折を調節している(1.7 1)参照)。また、毛様体筋の緊張は、隅角及び線維柱帯における房水排出を促進させている。

### 3) 房水

房水aqueous humorは眼房chamberを満たす透明な液体で、無血管組織である角膜・水晶体への栄養供給、代謝物排出などの機能を担う。また、眼圧intra ocular pressureは、房水の産生と排出のバランスで決定されている。角膜に対する圧力と網膜に対する圧力も同等である。正常眼圧は、イヌ・ネコともに15〜25 mmHgで、成長過程でも大きな変動はない(Mughannam et.al: 2004[15])。なお、眼圧の測定値については測定機器ごとに差異があるので、各施設で測定機器ごとの背景データを作成しておく必要がある。

正常な房水は、細胞成分を含まずタンパク質濃度も血漿に比べて極めて低いが、酸素、グルコース、脂質、電解質及び免疫グロブリンなどを含んでいる。房水フレアは、ぶどう膜炎などで房水中のタンパク質濃度が上昇したときに房水が濁って見える現象のことをいう。房水は、アスコルビン酸やグルタチオンを豊富に含み、眼組織の酸化障害を防御している。房水中のアスコルビン酸濃度は、血漿の約50倍に達する(表1-6-1)。

房水は、毛様体突起の無色素上皮から受動的拡散diffusion、限外濾過ultrafiltration及び能動的分泌active secretionにより産生される。正常なイヌ・ヒトの房水産生量は2.5 μL/分で、排出量は産生量と同等である。ヒトの前房容積は250 μLとされていることから、房水は約100分で入れ替わることになる。

受動的拡散と限外濾過は血圧と眼圧の影響を受け、能動的分泌には炭酸脱水酵素が関与する機序とアドレナリンのβ刺激が関与する機序がある。毛様体上皮にはホルモンレセプターが存在し、アドレナリンのα作用は房水産生を減少させ、β作用は房水産生を増加させる。アドレナリンのβ作用の関与が大きいため、交感神経が優位な日中の房水産生量は、副交感神経が優位な夜間の房水産生量の約2倍である。また、前部ぶどう膜炎anterior uveitisは、房水の能動的分泌を減少させ眼圧を低下させる。

房水の排出経路には、線維柱帯経路とぶどう膜強膜経路の2経路が存在する。線維柱帯経路は、線維柱帯trabecular meshworkから静脈系へ排出されるものである。房水は、毛様体と角膜の間隙の360°全周に存在する隅角iridocorneal angle部の櫛状靱帯pectinate ligamentの間を経て線維柱帯(毛様体裂ciliary cleft)に至る。ここから、ヒト・サルの場合はシュレム管Schlemm's canal(強膜静脈洞)、房水静脈aqueous vein及び上強膜静脈を経て全身の静脈系へと排出される。その他の多くの動物種では、強膜静脈叢sclerovenous plexusへと排出される。線維柱帯からシュレム管あるいは強膜静脈叢へ房水が排泄される過程は、毛様体筋の緊張及び静脈圧の影響を受ける。なお、線維柱帯はフィルターとして働き、異物を貪食する。

ぶどう膜強膜経路は隅角、毛様体筋層の筋束間隙を経て脈絡膜上腔suprachoroidal spaceへ房水が排出される経路である。ぶどう膜強膜経路からの房水排泄の比率は、カニクイザルで40〜55%、ウサギで3〜13%、イヌで15%、ネコで3%の割合を占める。ヒトでは、20〜30歳代ではぶどう膜強膜経路からの房水排出は40〜55%であるが、高齢者では5%ほどに減少すると言われている(Alm et.al: 2009[16])。加齢に伴う減少には、毛様体筋における結合組織の増加が関与しているものと考えられている。

### 4) 脈絡膜

脈絡膜choroidは、眼球の後方半分、すなわち鋸状縁より後方において、外側の強膜と内側の網膜に挟まれた位置に存在する。脈絡膜の厚さは、ヒトで0.1〜0.2 mmである。鋸状縁より前方では、毛様体に連続する。外側から、脈絡上板suprachoroid(上脈絡膜層epichoroid)、固有層及び基底板(ブルッフ膜Bruch's membrane)で構成される。

脈絡上板は、膠原線維と弾性線維で形成される比較的疎な組織である。色素は豊富だが、血管は少ない。固有層は、多数の血管が走行する結合織からなり、色素細胞が豊富であるが、脈絡膜のメラニン顆粒は極めて小さい。

ブルッフ膜は、網膜色素上皮の基底膜、血管周囲の結合組織及び毛細血管内皮の基底膜からなる。しかし、霊長類以外の動物では、ブルッフ膜の形成は不十分である。

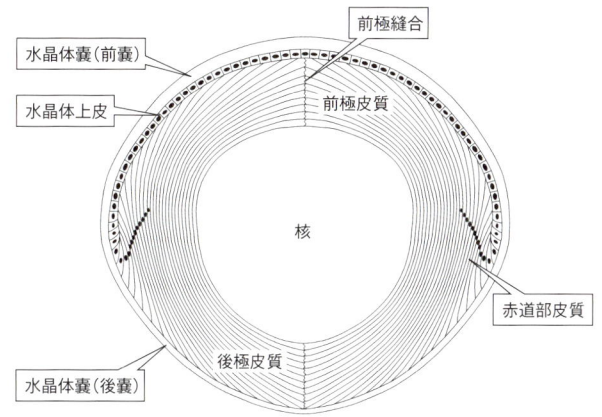

図1-7-1：水晶体の組織構造

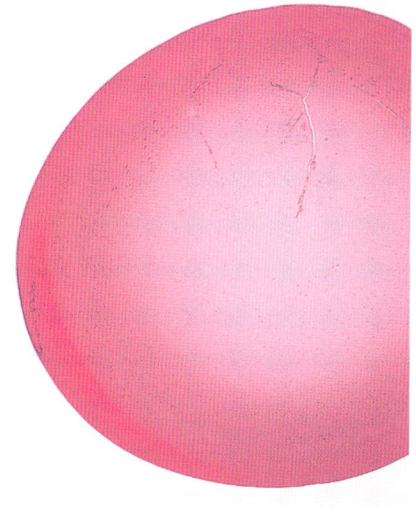

図1-7-2：正常Sprague-Dawley系ラット水晶体の
HE染色組織写真
（ボゾリサーチセンター、花見正幸博士より恵与）

脈絡膜血管は有窓内皮細胞で構成され、網膜の外顆粒層まで酸素を供給している。脈絡膜は、眼内に入射した光をメラニンが吸収して生じた熱を、豊富な血流によって冷却するラジエーターの役割も担う。

ブルッフ膜は、加齢とともに次第に厚さを増し、PAS染色陽性を示しカルシウムの沈着が認められるようになる。また、ヒトやサルでは、加齢に伴いブルッフ膜と網膜色素上皮の間に、白色ないし黄色の沈着物、ドルーゼンdrusenがみられることがあり、加齢黄斑変性の発症に関連すると考えられている。ドルーゼンには、リポフスチンなどの脂質、補体、アミロイドβとクリスタリンが含まれている。リポフスチンの蓄積や不飽和脂肪酸の光酸化分子に対する自己抗体、サイトメガロウイルス感染などによって網膜色素上皮が傷害されると、その崩壊産物が蓄積して局所的な炎症が生じる（永井ら：2008[17]）。その結果、サイトカインの分泌や補体の活性化が生じ、ドルーゼンが形成される。

タペタムtapetum（輝板）*は、眼底上半球の網膜色素上皮の外側に位置し、底辺が視神経乳頭付近を通過する三角形をなしている。タペタムは、光の反射性が高く、検眼鏡検査では極めて明るい反射光を観察することができる。夜間にネコの眼が緑色に光ってみえるのは、タペタムからの反射のためである。タペタムの色調は様々であるが、通常、黄色、橙色、緑色あるいは青色である。タペタムは、網膜を通過した光を、再度、網膜へ向けて反射することで、網膜における光の感受性を高めている。亜鉛とリボフラビンを豊富に含んでいる。

イヌのタペタムは眼底全体の約30％、ネコのタペタムは約50％を占め、小型犬のタペタムは比較的小さい。イヌ、ネコのタペタムは細胞性で数層の扁平細胞からなり、ウマ、ウシのタペタムは線維性で膠原線維を主成分とする（Ollivier et.al: 2004[18]）。

細胞性タペタムは、長方形の細胞で構成されている。タペタムに接する脈絡膜固有層は、タペタムを貫通する多数の小血管を有し、血管網を構成している。タペタムを貫通する血管はウィンスロー小星stars of Winslowとして観察される。タペタムの厚さは様々で、中心部では厚く、周辺部や視神経乳頭周囲では薄い。イヌ・ネコのタペタム中心部は15〜20層の細胞で構成されている。タペタム部位の網膜色素上皮には色素がない。ネコでは加齢に従いタペタム細胞層が減少する。

霊長類、ブタ、リス、鳥類などにはタペタムがなく、これらの動物は昼行性である。有色ラット（Long Evans）では網膜色素上皮の色素が少ない部分が認められるが、これは、ラットにおけるタペタムの痕跡であると考えられている。

## 1.7　水晶体と硝子体

### 1）水晶体（図1-7-1、図1-7-2）

水晶体lensは、凸レンズ状の透明組織で、虹彩の後面と硝子体の間に位置する。光の屈折においては、水晶体が、その屈折力を変化させて、網膜に焦点を合わせる機能を調節accommodationと呼ぶ。

水晶体は、硝子体窩patellar fossaと呼ばれる硝子体のくぼみに位置し、赤道部の水晶体嚢に接続する毛様小帯によって懸垂されている。毛様小帯は、毛様体の無色素上皮に起始している。

水晶体は、前面を覆う一層の立方細胞からなる水晶体上皮lens epitheliumと、上皮細胞が伸長した水晶体線維

---

* Tapetumの訳語として「輝板」も使用されるが、獣医眼科領域では近年「タペタム」を使用することが多い。本書では「タペタム」を使用する。

lens fiber、ならびに水晶体上皮細胞の基底膜で水晶体を覆う水晶体嚢lens capsuleから形成されている。前極側の水晶体嚢を前嚢anterior capsule、後極側の水晶体嚢を後嚢posterior capsuleと呼ぶ。赤道部のやや前方の水晶体上皮細胞は、生涯にわたって分裂を続ける。分裂した上皮細胞は後方へ移動し、赤道部のやや後方で、伸長しながら細胞核と細胞内小器官を徐々に喪失し、最終的に水晶体線維に分化する。水晶体線維は、若い線維で構成される水晶体皮質lens cortexと、古い線維で構成される水晶体核lens nucleusからなる。皮質の水晶体線維は、扁平な六角形の断面を有し、前面から後面へ三次元的に規則正しく配列することで透明性を維持している。水晶体線維の数は、動物種によって異なっている（Kuszak et al: 2004[19]）。水晶体前面と後面には、水晶体線維の先端が縫合を形成している。イヌ・ラットを含め、多くの哺乳類の縫合はY字型を呈するが、ウサギの縫合は直線状である。ヒトでは出生時にはY字型を呈するが、成長に従って縫合の先端が分岐して星状の縫合を形成する。幼若動物では縫合が比較的明瞭に観察できるが、成長に応じて徐々に見えにくくなる。

水晶体は、生涯を通じて成長を続け、新しい線維が核の周りを囲むように追加されていく。水晶体の中心に位置する核は、古い水晶体線維が集積されたもので、細胞構造を喪失している。核の中心部は、胎生期の水晶体線維に由来することから胎生核と呼ばれ、生涯残存する。成長が継続すると水晶体の重量が増加してしまうので、古い線維は脱水・凝集することによって大きさと重量を維持している。このように水晶体は加齢によってしだいに硬さを増し、調節力が弱くなる。イヌ・ネコにおいては、検眼鏡検査で、核硬化nuclear sclerosisとして観察される。水晶体嚢は、前極側では生涯を通じて産生が続いて厚くなるのに対して、後極側は薄い。水晶体は、個体発生の初期に独立するため、免疫学的に非自己として認識され、水晶体タンパク質の遊離は炎症反応を引き起こす。

水晶体は表皮外胚葉に由来する。眼胞が接した部分の表皮外胚葉が肥厚して、水晶体板lens placodeを形成し、表皮から切り離されて水晶体胞lens vesicleを形成する（図1-8-1参照）。水晶体胞前方の細胞が水晶体上皮となり、水晶体胞後方の細胞が伸長して水晶体線維に分化する。

胎生期の水晶体は、硝子体動脈と虹彩の動脈に起始する水晶体血管膜tunica vasculosa lentisと呼ばれる血管のネットワークから血液を供給される。水晶体血管膜は、正常では胎生期に消失するが、これが遺残したものが瞳孔膜遺残persistent pupillary membraneである。

水晶体は弾性を有しており、毛様体筋が緊張すると、毛様小帯が弛緩して水晶体自体が丸くなり屈折力が増す。毛様体筋が弛緩すると毛様小帯の緊張が増し、毛様小帯に牽引された水晶体は扁平となって屈折力は減少する。この屈折の調節作用は、動眼神経の副交感神経系と三叉神経の交感神経支配を受けている。屈折の大部分は角膜が担っているが、網膜上に焦点を合わせるために、水晶体が屈折力を調節している。ヒト・霊長類の調節機能は他の動物よりも発達している。水晶体の屈折力はイヌで41.5 D、ウマで14.9〜15.4 D、ヒトで約20 Dである。

水晶体は、一定の波長の光線を遮断するフィルターとしての機能も有している（Roberts: 2002[20]）。300 nm以下の領域は角膜に、300〜400 nmの領域は水晶体に吸収されて400 nmを超える波長の光線だけが網膜に達する。

水晶体は約35％のタンパク質、約65％の水分、少量の脂質、炭水化物、アミノ酸と無機イオンによって構成される。

水晶体タンパク質の大部分は、水溶性のα、β、γ-クリスタリンである。α-クリスタリンは、熱ショックタンパク質のひとつで、シャペロンタンパク質としての役割、すなわち他の水晶体タンパク質の三次元構造の形成と維持に関与し、水晶体上皮と線維のいずれにも存在する。β-クリスタリンとγ-クリスタリンは、水晶体線維だけに存在する。加齢に伴って、水溶性タンパク質は会合して高分子化し、不溶性タンパク質が増加する。その結果、古い不溶性タンパク質は核に集積する。黄色を呈するトリプトファンの代謝産物が生成されるため、ヒトの水晶体では、加齢によって黄色に着色することが知られている。黄色に着色した水晶体は、青色光をカットするフィルターの役割を果たして、網膜を光障害から保護している。

水晶体は水分含量を一定に保つことで透明性を維持しており、その水分含量維持には水晶体上皮のNa, K-ATPaseが関与している。水晶体の水分は、加齢に従って減少する。

水晶体上皮細胞の基底膜である水晶体嚢は、主にIV型コラーゲンと10％のムコ多糖類で構成されている。

水晶体は無血管組織であるため、栄養供給・代謝物排出を房水に依存しており、房水成分の変化に敏感に反応する。エネルギー代謝は房水の酸素分圧が低いため、主に嫌気的解糖系に依存しており乳酸が生成される。代謝は主に水晶体上皮で行われ、特に赤道部が活発で、赤道部の新生線維は障害を受けやすい。常に光線にさらされている水晶体は酸化障害を受けやすい環境にあるため、アスコルビン酸やグルタチオンを豊富に含有している。

## 2）硝子体

成体の硝子体vitreous bodyは、眼球容積の約7割を占める。その組成の99％は水分で、残りは軟骨と同じ

II型コラーゲンを主成分とした膠原線維と、ヒアルロン酸を主体としたムコ多糖類である。膠原線維から構成される硝子体線維は、硝子体周辺部では密であるが、中心部では疎である。周辺部の密な硝子体線維が包み込むような構造をしているため、それを硝子体膜vitreous membraneと呼ぶが、厳密な膜構造を有するものではない。多くの動物種において正常の硝子体には血管、神経、リンパ管が存在しない。硝子体細胞hyalocyteは血液の単球由来で、コラーゲンとヒアルロン酸の産生に関与すると言われ、主に硝子体周辺部に分布している。

硝子体は、毛様小帯及び水晶体後極に硝子体水晶体嚢靭帯ligamentum capsulohyaloideusを介して接着している。硝子体線維は、鋸状縁部分で毛様体扁平部の無色素上皮の基底膜と網膜の内境界膜の膠原線維に接続している。硝子体が網膜・毛様体と強固に接着しているこの部位を硝子体基底部と呼ぶ。光学的には硝子体は透明であるが、細隙灯顕微鏡検査では、線維網を観察することができる。硝子体の前部には硝子体窩と呼ばれる凹状のくぼみがあり、そこに水晶体を納めている。

一次硝子体primary vitreousは線維と血管で構成され、眼杯裂が閉鎖する前に神経堤細胞から分化する。コラーゲン膜に包まれた硝子体動脈が、視神経乳頭の位置から伸長し、水晶体の周囲に血管網（水晶体血管膜）を形成する。二次硝子体secondary vitreousの形成と並行して、一次硝子体と硝子体動脈は徐々に消失する。イヌでは、通常、生後2～3週間までに完全に消失するが、一部は数カ月間残存する。ラットやマウスでは、ほとんどの個体で、硝子体動脈が遺残する。

一次硝子体遺残は、視神経乳頭周囲から水晶体に延びる管腔（クローケ管Cloquet's canal）として観察される。縫合会合部のやや下方で、クローケ管が水晶体後嚢に接着している部位をミッテンドルフ斑Mittendorf's dotと呼び、正常でも観察されるもので、これを白内障と誤診してはならない。

二次硝子体は、神経外胚葉由来で、眼杯が伸長するときに形成され、眼球は拡大して一次硝子体は退化する。二次硝子体が成体の硝子体となる。

水晶体を保持する毛様小帯を、三次硝子体tertiary vitreousと呼ぶことがある。毛様小帯の発生は一次及び二次硝子体の発生よりも、かなり遅い。

硝子体の水分は、約10～15分で迅速に入れ替わる。硝子体の水分分泌と排出の機序は明らかになっていないが、ミューラー細胞と毛様体無色素上皮（毛様体上皮）が関与していると言われている。硝子体は、水晶体－網膜間の衝撃緩衝機能を有しているほか、様々な物質を貯留することによって、網膜への栄養供給や代謝に関与して

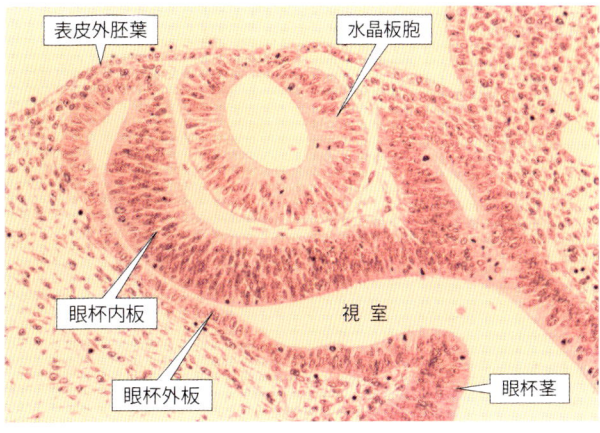

**図1-8-1：眼の発生**（胎生12日齢のSprague-Dawley系ラット）
間脳が伸長して形成された眼杯の内板が網膜に、眼杯外板が網膜色素上皮に分化する。眼杯内板の前方には、表皮外胚葉から分化した水晶胞が形成されている。

いると考えられている。

硝子体は、細胞成分が極めて少なくほとんどが水分で、透明である。しかし、変性、細胞やタンパク質浸潤、コラーゲン配列の異常などによって混濁する。硝子体混濁には、血液由来のタンパク質が関与することが多いが、網膜血管がその原因となることもある。

## 1.8 網膜

網膜retinaは、眼に入射した光を神経信号に変換する役割を担う、眼組織で最も重要な部分である。眼の他の部分の障害は、何らかの方法で回復させることができるが、神経系から分化した網膜の細胞群には再生能がないため、重篤な網膜障害を受けた場合の予後は極めて悪く、視覚を喪失することが多い。それだけに、網膜の形態と機能を理解することは非常に重要である。

網膜は、神経網膜neurosensory retina（狭義の網膜）と網膜色素上皮の2層からなる。前述のとおり、ここでは神経網膜を網膜と呼ぶ。網膜では、視細胞が光を電気信号に変換し、神経節細胞の軸索が視神経として脳へ至り、視覚情報を脳へ伝達する。網膜色素上皮は、メラニンを含む単層の細胞層で、タイトジャンクションを有し、血管は貫通していない。

網膜の発生では、最初に間脳が伸長して眼胞を形成する。つぎに眼胞の先端部分が陥入して、眼杯を形成する。2層の眼杯のうち、前側の眼杯内板が網膜に、後側の眼杯外板が網膜色素上皮に分化する（図1-8-1）。眼杯から分化した細胞は虹彩まで達し、網膜は毛様体の無色素上皮と虹彩の網膜虹彩部に、網膜色素上皮は毛様体色素上皮と虹彩色素上皮に連続する。眼杯に由来する組織のうち、前眼部の虹彩及び毛様体部分は網膜暗部pars caeca

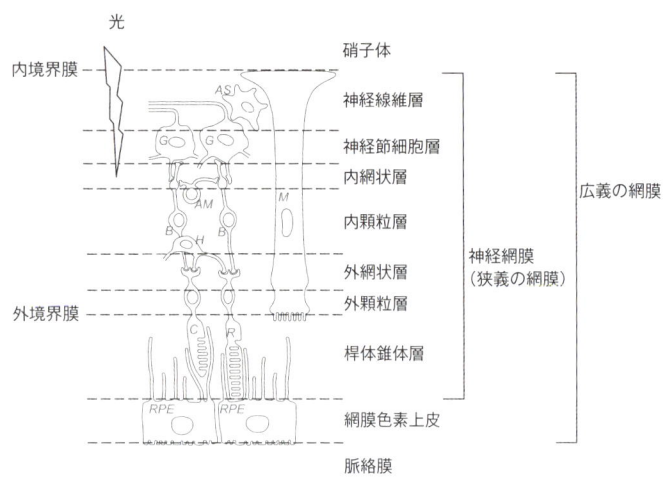

図1-8-2：網膜の微細構造
RPE：網膜色素上皮細胞　R：桿体細胞　C：錐体細胞
H：水平細胞　B：双極細胞　AM：アマクリン細胞
G：神経節細胞　M：ミューラー細胞　AS：星状神経膠細胞

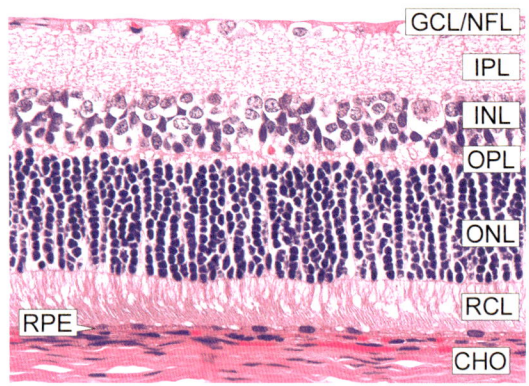

図1-8-3：正常Sprague-Dawley系ラット網膜の
　　　　　HE染色組織写真
CHO：脈絡膜　RPE：網膜色素上皮　RCL：桿体錐体層
ONL：外顆粒層　OPL：外網状層　INL：内顆粒層
IPL：内網状層　GCL/NFL：神経節細胞層／神経線維層
（ボゾリサーチセンター、花見正幸博士より恵与）

retina、後眼部の網膜部分は網膜視部 pars optica retinaと呼ばれることもある。網膜は胎生期間中だけでは成熟せず、生後も発育を続ける。イヌでは2週齢の開眼時にはタペタムは分化しておらず、視神経乳頭が小さい。3～4週齢ではタペタムは蒼白、紫ないし青色を呈する。成長ともにタペタムが顆粒状、かつ黄色ないし緑色を呈するようになり、約8週齢で成熟する。

### 1）網膜（図1-8-2、図1-8-3）

　正常な網膜は薄い透明な組織で、わずかに灰色を呈する。厚さはヒトの後極部で0.3 mm、周辺部で0.1 mmである。視神経乳頭の耳側の後極部網膜に、ヒト・サルでは中心窩 fovea という浅いくぼみがある。中心窩を中心とした直径2 mmほどの部位は黄斑 macula と呼ばれる。網膜の周辺部分の視細胞には桿体が多いのに対し、ヒト・サルの中心窩付近における視細胞のほとんどが錐体である。ヒト・サル以外の哺乳類では、中心窩に相当する部分が中心野 area centralis と呼ばれ、やはり周辺部より錐体が多い。

　網膜と網膜色素上皮の間に強固な接着装置はないが、網膜色素上皮のポンプ作用と浸透圧作用による脱水機構によって接着状態が維持されている。動物が死亡してこれらの機能が停止すると、網膜は容易に剥離してしまう。また、眼圧 intra ocular pressure や網膜色素上皮の微絨毛と視細胞外節のかみ合わせ構造も、網膜と網膜色素上皮の接着に寄与している（根木：2010[4]）。

　網膜は、光を電気信号に変換して脳へと伝達する視細胞、双極細胞、神経節細胞、ニューロン間を横方向へ連絡する水平細胞とアマクリン細胞、さらにグリア系の細胞としてミューラー細胞、星状神経膠細胞、小神経膠細胞などから構成されている。

### a）視細胞（図1-8-4）

　桿体 rod と錐体 cone からなる視細胞 visual cell（あるいは photo receptor cell）は、網膜の最外層に位置する。視細胞は、エネルギーを多く消費するため、内節 inner segment にミトコンドリアを豊富に含んでいる。視細胞の核が、網膜の外顆粒層 outer nuclear layer を形成する。桿体細胞の核は、垂直に並んでいる。一方、錐体細胞の核は明るく大型で、外境界膜 external limiting membrane 側に並んでいる。外網状層 outer plexiform layer は、視細胞と双極細胞の軸索が主成分で、さらに水平細胞、アマクリン細胞、ミューラー細胞の線維も含んでいる。

　外境界膜は真の基底膜ではなく、桿体及び錐体細胞とミューラー細胞の先端部で構成されて膜様に観察される。そのため、液体や巨大分子などに対するバリアとして機能することはない。

　桿体は光に対する感受性が高いが、昼間の視覚には働かない。一方、錐体が反応するためには、より多くの光量を必要とするが、錐体からの信号は詳細な視覚と色彩の認識に関与している。桿体は網膜全体に分布するが、ネコの場合、中心部で9～13列、周辺部で7～9列の桿体細胞が並んでいる。桿体の数（ヒトで約1億個）は、錐体（ヒトで約600万個）よりも多い。

　黄斑には血管が存在しないため、血管によって光が散乱、拡散、吸収されることがなく、効率良く視細胞に到達する。また、錐体の分布には種差があり、マウスとウサギでは青色を認識する錐体が網膜下方に比較的豊富に存在するが、これは空の色を認識するためであると言われている。錐体の細胞あたりのエネルギー代謝は桿体の約8倍で、ミトコンドリアの数も約20倍多い。黄斑部の網膜は無血管であるため、網膜全層が

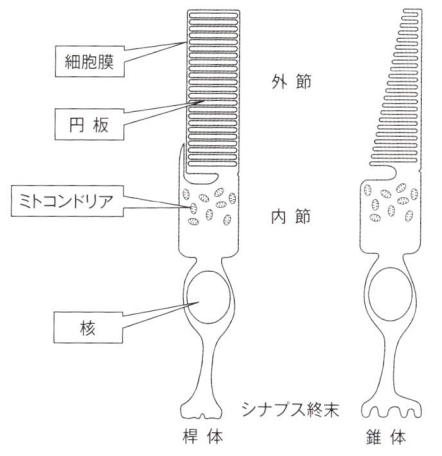

図1-8-4：視細胞の構造
桿体外節の円板は細胞膜から分離しているが、錐体の円板は細胞膜と連続した重積構造を呈している。

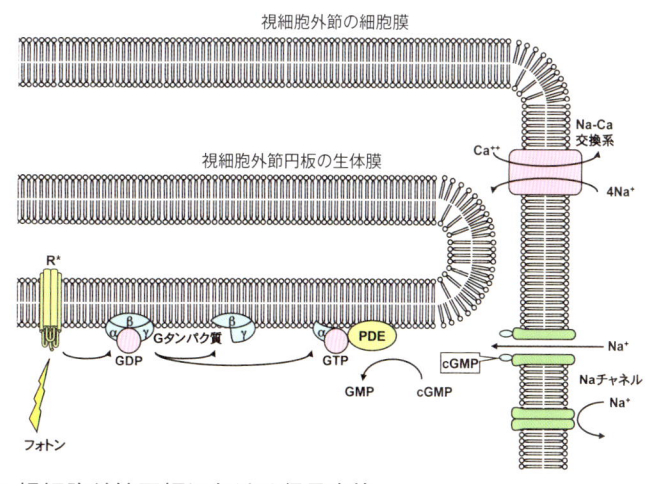

図1-8-5：視細胞外節円板における信号変換
フォトンを吸収して励起状態となったロドプシンR*が、反応の引き金である。GTPと結合して活性型となったGタンパク質が、ホスホジエステラーゼ(PDE)を活性化し、cGMPをGMPに加水分解する。その結果、cGMPレベルが減少した外節細胞膜のNaチャンネルが閉鎖し、細胞内Naレベルが減少して過分極状態となり、神経興奮が生じる。Na-Ca交換系によって細胞内Naレベルが回復すると、神経興奮は終息する。

脈絡膜血管から栄養供給を受けている。ところが、無血管でありながら、黄斑部のエネルギー代謝は活発であるため、障害に対しては脆弱である。

網膜の他の神経細胞に比べて、視細胞は圧倒的に数が多い。光刺激から変換された信号は、双極細胞、神経節細胞へと受け渡される過程で集約される。ネコの場合では、約130の視細胞の信号がひとつの神経節細胞に集約される。錐体では桿体より集約の程度が低く、特に中心窩では錐体細胞、双極細胞、神経節細胞の構成比を1:1:1とすることで精密な視覚の認識に貢献している。

視細胞は、外節 outer segment に円板 disc を有する。桿体の円板は、細胞膜から分離して外節の細胞質内を浮遊している。円板は内節で産生されて外節方向へ移動し、先端部分から順に網膜色素上皮に貪食される。円板のターンオーバーはイヌで7日間、ラットで10日間と言われている。桿体円板の貪食は日中に行われている。一方、錐体の円板は細胞膜から完全には分離しておらず、細胞膜の一端で連続した重積構造を呈している。このため、古くなった円板の処理を細胞膜自身で行うことができる(水野: 1994[21])。しかし、一定の限度を超えると錐体の円板も網膜色素上皮に貪食され、この錐体円板の貪食は主に夜間に行われるという(Kevany et al: 2010[22], 根木: 2010[1])。

桿体の視物質であるロドプシンは、生体膜を7回貫通する膜タンパク質である。ロドプシンは視細胞外節の円板に存在し、光を吸収すると励起状態となってオプシンとオールトランスレチナールに分解される。このとき、Gタンパク質(トランスディーシン)が活性化される。活性型Gタンパク質は、ホスホジエステラーゼを活性化することにより、環状グアノシン-リン酸(cGMP)をグアノシン-リン酸(GMP)に加水分解する。この作用で外節細胞膜のNaチャンネルが閉鎖して過分極状態となり、神経興奮(電気信号)が生じる。この一連の過程によって、光が神経興奮に変換されている(図1-8-5)。

錐体の視物質は、コーンオプシンあるいはフォトプシンなどとも呼ばれ、ヒトには3種のコーンオプシンが存在し、それぞれ青色(420 nm)、緑色(530 nm)と赤色(560 nm)の光線に反応する(Carroll: 2008[23])。ネコでは青色(450 nm)と緑色(550 nm)の光線に反応するコーンオプシンが知られており、他の動物でも通常2種類以上のコーンオプシンが存在する。ロドプシンは光に対する感受性が極めて高く、フォトン(光子)ひとつに反応して神経へ電気信号を伝達する。これに対してコーンオプシンは感受性が低く、錐体ひとつに対して3個以上のフォトンが存在しないと反応が始まらず、100万個以上のフォトン存在下ではじめて継続的に反応するようになる。

黄斑には黄斑色素が存在して、黄色を呈している。ヒトにおける代表的な黄斑色素は、ルテイン、ゼアキサンチン、メソゼアキサンチンなどのヒドロキシカロテノイドである(Loane et.al: 2010[24])。ゼアキサンチンは錐体、ルテインは桿体に多い。ルテインとゼアキサンチンの光吸収ピークは460 nmで、青色可視光の約40%を吸収する。短波長の青色光は赤色光に比べてエネルギーが高く視細胞外節障害を生じやすいので、これらの黄斑色素は有害な青色光を吸収するフィルターの役割を果たしている。また、ルテインとゼアキサンチンは抗酸化作用を有し、光酸化ストレスから視細胞を防御している。ルテインとゼアキサンチンは

食物に由来するが、メソゼアキサンチンはルテインが体内で異性化したものと考えられている。黄斑色素は、脈絡膜血管から網膜色素上皮を介して視細胞に取り込まれ軸索に集積するため、視細胞の軸索から構成される外網状層に多く認められる（根木：2010[1]）。

### b）双極細胞

双極細胞bipolar cellは、視細胞から信号を受け取り、それを神経節細胞へ伝達する。双極細胞、アマクリン細胞、水平細胞及びミューラー細胞の核が網膜の内顆粒層inner nuclear layerを構成している。この層の細胞から延びる軸索と神経節細胞の軸索が内網状層inner plexiform layerを形成する。視細胞、双極細胞、アマクリン細胞、水平細胞及び神経節細胞の間には、多くの相互連絡がある（Wu：2010[25]，Masland：2011[26]）。

双極細胞は、視細胞から神経節細胞へ縦方向の信号伝達を担っているが、その過程で横方向に連絡する細胞からの信号を改変し、そして神経節細胞からのフィードバックを受けている。双極細胞は多くのタイプに分類されており、ウサギでは、桿体に連絡する1種類の双極細胞と、錐体に連絡する12種類の双極細胞が報告されているが、すべての機能が明らかになっている訳ではない。

### c）水平細胞とアマクリン細胞

水平細胞horizontal cellとアマクリン細胞amacrine cellは、横方向の連絡を受け持ち、神経節細胞に伝達する前に信号の改変を行う。水平細胞の核は内顆粒層の内側に、アマクリン細胞の核は内顆粒層の中ほどに認められる。

水平細胞には、タイプAとタイプBの種類が存在する。タイプAの水平細胞は、錐体の興奮性シナプスから信号を受け、錐体に対して抑制的な信号を返している。タイプBの水平細胞は長い樹状突起を有し、離れた錐体と桿体を連結している。マウスとラットは、タイプBの水平細胞のみを有している。水平細胞は、視覚における輪郭の把握に役割を果たしていると考えられている。

アマクリン細胞は、主に抑制的な働きを有している。多くのタイプに分類されているが、多くのタイプについてその役割は明らかになっていない。

### d）神経節細胞

神経節細胞ganglion cellは、双極細胞から信号を受け取り、フィードバック及び信号の改変を行ったうえで、脳へと信号を伝達している。神経節細胞の軸索が神経線維層nerve fiber layerを形成し、眼球の後極に集まった軸索が視神経を構成する。

### e）網膜ニューロン細胞の神経伝達

網膜ニューロン細胞の伝達経路には縦方向、横方向、フィードバックの3種類がある。

縦方向の経路は、視細胞から双極細胞を経て神経節細胞に至るもので、シナプスでは主にグルタミン酸で伝達されている。

横方向の経路には、水平細胞から双極細胞に至るものとアマクリン細胞から双極細胞あるいは神経節細胞に至るものがある。アマクリン細胞からの出力は主にγ-アミノ酪酸（GABA）あるいはグリシンで、水平細胞からの出力はより複雑ではあるがGABAが主体となっている。

フィードバックの経路には、水平細胞から錐体細胞、アマクリン細胞から双極細胞、視神経線維からアマクリン細胞などへの経路が含まれる。アマクリン細胞から双極細胞へはGABAあるいはグリシンを介して伝達される。視神経線維からアマクリン細胞への伝達は、脳から網膜へ向かう信号があることを意味する。網膜の神経伝達物質は、生体の他の部分の神経系にもみられる一般的なものばかりで、網膜特有の神経伝達物質というものはない。

### f）グリア細胞

ミューラー細胞Muller cellは、グリア細胞の一種で、網膜の細胞群を支持する骨格としての役割や細胞間の絶縁作用を有するが、電気信号の伝達そのものには関与していない。また、グルタミン酸のグルタミンへの変換、カリウムイオンの制御、グルタチオンの生成、神経栄養因子の分泌など、神経保護に関連する作用を有する。ミューラー細胞の核は、内顆粒層の全域に認められ、その突起は、内境界膜internal limiting membraneから外境界膜に達する。また、網膜の最内層に位置する内境界膜は、ミューラー細胞の基底膜によって形成されている。

星状神経膠細胞astrocyteは、乳頭近傍の神経線維に特に多く存在するが、網膜の他の層にも少数がみられる。星状神経膠細胞は、網膜血管のバリア形成に関与している。乳頭部では、ミューラー細胞の代わりに星状膠細胞が視神経線維を包んでいる。

小神経膠細胞microgliaは、炎症などの刺激で活性化して、細胞の残渣などを貪食する。

鋸状縁に近づくにつれて視細胞は短く太くなり、網膜の各層は薄くなる一方、ミューラー細胞と神経膠細胞が増加する。鋸状縁部分では、視細胞、双極細胞と神経節細胞は全くなくなり、ミューラー細胞だけとなる。

### g）網膜血管

多くの動物種で、網膜血管は神経線維層を走行するが、神経線維層から外網状層まで栄養供給するに過ぎず、外顆粒層より脈絡膜側、すなわち外側へは脈絡膜

血管から栄養が供給されている。網膜血管からの血液供給が全体の20〜30％なのに対して脈絡膜血管からの供給は65〜85％に達する（Arjamaa et al: 2006[27]）。網膜血管が欠損した場合、網膜全体が脈絡膜血管からの拡散によって栄養供給を受けるようになる。網膜血管は無窓性血管で、タイトジャンクションが血液−眼関門を形成している。

網膜血管の走行のパターンは、動物種によって4つのパターン、ホランギオティック型holangiotic、メランギオティック型merangiotic、ポーランギオティック型paurangiotic、アナンギオティック型anangioticに分類されている。ホランギオティック型は、眼底全域に網膜血管が分布しているもので、ヒト、サル、イヌ、ラット、マウス、ハムスター、スナネズミの血管分布がこのタイプである。メランギオティック型は、ウサギにみられ、眼底の一部のみに網膜血管が分布している。ポーランギティック型は、ウマにみられ、視神経乳頭周囲のみに網膜血管が分布している。アナンギオティック型は、網膜血管が存在しないもので、モルモット、鳥類、爬虫類がこのタイプである（図1-8-6）。

ヒト・サルの黄斑部には、血管が存在しない。この部位では、網膜全層の栄養を脈絡膜の血管に依存している。

イヌでは、動脈及び静脈が視神経乳頭の中心から起始し、網膜周辺部へと向かって走行する。乳頭上の静脈は吻合を形成する。ネコでは、動脈及び静脈が乳頭縁から起始するが、吻合はみられない。ネコの血管は、イヌよりもやや細く、直線的である。動静脈ともに赤色を示すが、静脈の方がやや暗く、やや太い。多血症の血管はやや太く、貧血時の血管は細い。多少の蛇行はいずれの種においても正常にみられる。

### 2）視神経

視神経optic nerveは網膜の神経節細胞の軸索で、視神経乳頭optic discの部位に存在する篩状板lamina cribrosaで強膜を貫通して脳へ延びる。篩状板では、脈絡膜と強膜から連続する膠原線維成分が視神経と垂直に配列してふるい状構造を呈する。篩状板には、比較的豊富な血管網と線維芽細胞、グリア細胞が分布している。ヒト、サル、イヌとネコの篩状板は、膠原線維が豊富でよく発達している。一方、ラット、マウス、ウサギとモルモットの膠原線維の発達は不十分で、篩状板の層の数もラット、マウスでは1〜2層、モルモットでは3〜4層程度が認められるのみである。

視神経乳頭の部位には視細胞が存在しないため、ヒトの視野検査においてマリオット盲点として検出される。

球後の視神経は緩やかなS字状を呈し、眼球運動によっても視神経が過度に牽引されることはない。ヒトの

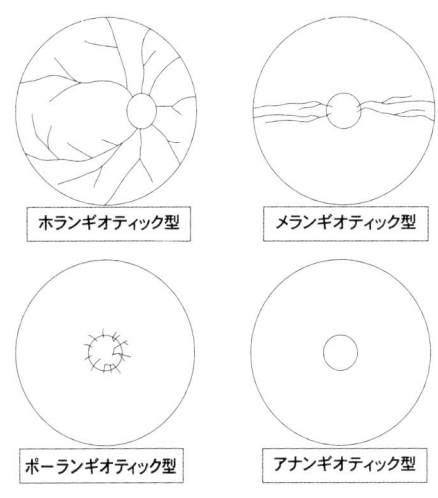

図1-8-6：網膜血管の走行パターンの概念図
ホランギオティック型：ヒト、サル、イヌ、ラット、マウス、ハムスター、スナネズミ
メランギオティック型：ウサギ
ポーランギオティック型：ウマ
アナンギオティック型：モルモット、鳥類、爬虫類

神経線維は正常で約140万本であるが、加齢とともに年約4,000〜5,000本程度減少する。

両眼の視神経は視交叉optic chiasmで出会い、神経線維が交換される（1.2 3)参照）。視交叉より中枢側の軸索は視索optic tractと呼ばれ、瞳孔運動に関与する視蓋前域核pretectum及び視覚線維が関与する外側膝状体lateral geniculate bodyへ達する。

脳から形成されるミエリンは、生後数週間で眼のすぐ外側に達する。イヌでは、通常、ミエリンが短い距離ではあるが神経線維に沿って眼の内側に入り、放射状の線として眼底に観察される。ネコでは、通常、ミエリンは眼の内側には入らない。脳の硬膜とクモ膜は視神経に沿って延び、後極の強膜に接続する。軟膜は、視神経線維中に混在する。

### 3）網膜色素上皮

網膜色素上皮retinal pigment epitheliumは、胎生期の眼杯外層が分化した組織で、脳における脈絡叢上皮に相当する。タペタム部分を除いてメラニンを有し、六角形の細胞が単層に配置している。色素は、通常、脈絡膜の色素より濃い。網膜色素上皮細胞のメラニン顆粒は大きく、直径約1μmの長円形を呈し細胞質の先端部に含まれる。細胞質の基底部には、リポフスチンの顆粒が認められる。

網膜色素上皮の生理的機能は、上皮、マクロファージ、グリアに相当する3種類に分類することができる（Ford et al: 2010[28]）。上皮の機能として、網膜色素上皮はグルコースなどの栄養物質、レチノールや脂肪酸を血管から視細胞へ供給している。マクロファージの機能として、

網膜色素上皮は、視細胞外節を微絨毛様細胞突起から取り囲んで貪食し、ビタミンAを貯蔵し、視物質(ロドプシンとコーンオプシン)を再生して、それらを視細胞へ戻している。加齢によって網膜色素上皮の輸送機能が低下すると、外節を消化しきることができず、過酸化脂質のリポフスチンが蓄積する。リポフスチンは光増感物質で、光が当たるとフリーラジカルを発生させて酸化障害を生じる(根木:2010[1])。グリアの機能として、網膜色素上皮は、視細胞によって生じる電気的変化の抵抗として作用している。また、強固なタイトジャンクションによって、血液-眼関門を形成している。さらに、脈絡膜の基底膜であるブルッフ膜 Bruch's membraneは、脈絡膜からの拡散に対するバリアとして機能する。

網膜色素上皮の障害が二次的な脈絡膜血管の萎縮を引き起こすことから、脈絡膜血管には網膜色素上皮由来の血管内皮細胞増殖因子(VEGF)が必要である(Ford et al:2011[29])と考えられており、網膜色素上皮と脈絡膜の密接な関係が示されている。

**参考文献**

1 根木昭. 眼のサイエンス. 視覚の不思議. 文光堂. 東京;2010.

2 堀純子. 前眼部の免疫-眼炎症自動制御の分子機構. 臨眼 2006;60:116-123.

3 Williams DL. 眼科免疫と免疫介在性眼科疾患. 金山喜一, 鈴木隆二 監訳. インターズー. 東京;2008.

4 根木昭. 眼のサイエンス. 眼疾患の謎. 文光堂. 東京;2010.

5 Porter JD, Merriam AP, Khanna S, Andrade FH, Richmonds CR, Leahy P, et al. Constitutive properties, not molecular adaptations, mediate extraocular muscle sparing in dystrophic mdx mice. FASEB J. 2003;17:893-895.

6 Gipson IK. Distribution of mucins at the ocular surface. Exp Eye Res. 2004;78:379-388.

7 横井則彦, 坪田一男. ドライアイのコア・メカニズム-涙液安定性仮説の考え方. あたらしい眼科. 2012;29:291-297.

8 Bron AJ, Tiffany JM. The meibomian glands and tear film lipids. Structure, function, and control. Adv Exp Med Biol. 1998;438:281-295.

9 Sullivan DA, Rocha EM, Ullman MD, Krenzer KL, Gao J, Toda I, et al. Androgen regulation of the meibomian gland. Adv Exp Med Biol. 1998;438:327-331.

10 Buzzell GR. The Harderian gland: perspectives. Microsc Res Tech. 1996;34:2-5.

11 Williams DL. Laboratory Animal Ophthalmology. In: Gelatt KN, edited. Veterinary Ophthalmology. 4th ed. Iowa:Blackwell Publishing;2007.

12 Edelhauser HF. The balance between corneal transparency and edema: the Proctor Lecture. Invest Ophthalmol Vis Sci. 2006;47:1754-1767.

13 Hendrix DVH. Diseases and Surgery of the Canine. In:Gelatt KN, edited. Veterinary Ophthalmology. 4th ed. Iowa:Blackwell Publishing;2007.

14 岩田修造. 水晶体, その生化学的機構. メディカル葵出版. 東京;1986.

15 Mughannam AJ, Cook CS, Fritz CL. Change in intraocular pressure during maturation in Labrador Retriever dogs. Vet Ophthalmol. 2004;7:87-89.

16 Alm A, Nilsson SF. Uveoscleral outflow – A review. Exp Eye Res. 2009;88:760-768.

17 永井紀博, 石田晋. 加齢黄斑変性の分子病態. あたらしい眼科. 2008;25:1197-1203.

18 Ollivier FJ, Samuelson DA, Brooks DE, Lewis PA, Kallberg ME, Komáromy AM. Comparative morphology of the tapetum lucidum (among selected species). Vet Ophthalmol. 2004;7:11-22.

19 Kuszak JR, Zoltoski RK, Sivertson C. Fibre cell organization in crystalline lenses. Exp Eye Res. 2004;78:673-687.

20 Roberts JE. Screening for ocular phototoxicity. Int J Toxicol. 2002;21:491-500.

21 水野有武. 光・眼・視覚. 絵のように見るということ. 産業図書. 東京;1994.

22 Kevany BM, Palczewski K. Phagocytosis of retinal rod and cone photoreceptors. Physiology (Bethesda). 2010;25:8-15.

23 Carroll J. Focus on molecules: the cone opsins. Exp Eye Res. 2008;86:865-866.

24 Loane E, Nolan JM, Beatty S. The respective relationships between lipoprotein profile, macular pigment optical density, and serum concentrations of lutein and zeaxanthin. Invest Ophthalmol Vis Sci. 2010;51:5897-5905.

25 Wu SM. Synaptic organization of the vertebrate retina: general principles and species-specific variations: the Friedenwald lecture. Invest Ophthalmol Vis Sci. 2010;51:1263-1274.

26 Masland RH. Cell populations of the retina: the Proctor lecture. Invest Ophthalmol Vis Sci. 2011;52:

4581-4591.

27 Arjamaa O, Nikimaa M. Oxygen-dependent diseases in the retina: role of hypoxia-inducible factors. Exp Eye Res. 2006 ; 83 : 473-483.

28 Ford K, D'Amore. Retinal Pigment Epitheliun-Choroid Interactions. In : Dartt D, edited. Encyclopedia of the Eye. MA : Academic Press/Elsevier ; 2010.

29 Ford KM, Saint-Geniez M, Walshe T, Zahr A, D'Amore PA. Expression and role of VEGF in the adult retinal pigment epithelium. Invest Ophthalmol Vis Sci. 2011 ; 52 : 9478-9487.

# 第 2 章
# 眼科検査技術

　多くの眼科検査機器は、微小な検査対象に機器の照明光を当てて検査するものが多く、暗所でないと検査が困難な場合が多い。一方、動物の全体状態の観察や、検査結果を記録する場合には明るい方が好ましいので、検査室は照明の明るさが調節できると便利である。また、イヌやサルなどの場合、飼育室のなかでは騒音も激しく、また他の動物に影響を与えることがあるので、別室での検査が必要である。毒性試験の眼科学的検査では、一度に数十匹の動物を検査することになるので、落ち着いた環境、検査に集中できる環境が必要である。

　検査にあたっては、保定者の役割が極めて重要である。連続して数十匹の検査を実施する場合、倒像検眼鏡や細隙灯顕微鏡の重量が検査者に与える負担も無視できないので、1匹あたりの検査時間は、できるだけ短くすることが好ましい。そのためには、保定者の訓練、教育と協力が重要で、さらに保定台を工夫することなども必要となる。なお、サルの場合には、検査者と保定者の安全を考慮し、通常は、ケタミンなどを使用した鎮静下で検査を実施する。

　水晶体、硝子体及び眼底の詳細な検査のため、また前眼部の検査に眼底からの反輝光線 retroillumination を使うためにも、眼検査に散瞳は必須である。一般的にはトロピカミドを使用するが、国内で市販されているトロピカミド製剤には、散瞳効果を高めるためアドレナリンα1作動薬であるフェニレフリンが配合されていて、毒性試験における眼科学的検査に使用する場合には、試験データに与える影響を考慮する必要がある。なお、有色動物はアルビノ動物に比べて散瞳に時間がかかり、散瞳薬の追加点眼が必要な場合もある。

　検査を開始する前に、動物の履歴を確認する。実験動物においても、週齢・月齢、系統あるいは品種、性別、一般症状観察の結果などの情報を事前に確認する。これらの情報は、予後の推定にも役立つ。見落としを防ぐため、検査は一定の順序で実施することが重要である。

## 2.1　解剖学的表現

　眼組織は特徴的な構造を有するため、病変の位置の記録のために独特な解剖学的表現を用いる必要がある。特に、医薬品のリスク評価の一環として実施される毒性試験の眼科学的検査の場合、試験責任者に報告された検査結果が試験報告書に組み込まれ、最終的には申請書類の一部分となる（7章参照）。このため、眼毒性研究者は、位置、大きさ、特徴などの情報を含めて眼病変を適切な専門用語で報告することが重要である。

### 1)位置（図2-1-1）

　正面からみた眼球に時計盤をあてはめ、「何時方向」とする表現が、病変の位置を特定するには容易である。すなわち上方が12時方向、下方が6時方向となる。この方法は角膜、虹彩、水晶体、眼底などで使用できる。

　一方、鼻側下方、外背側、内腹側など、円を四分割した表現も、角膜、虹彩、水晶体、眼底などにおける位置の特定に用いることができる。さらに、鼻側、中央、耳側に三分割する表現も用いられる。時計盤を使用する何時方向という表現は、左右眼で鼻側と耳側が反対となる。このため、群ごとの所見をまとめて評価する場合には、四分割あるいは三分割の表現の方が便利な場合が多い。時計盤の表現は、先天性疾患や外傷性疾患など、ごく少数例の病変を特定する場合に便利である。さらに眼底などでは、「中心性」あるいは「周辺性」に分割する表現も用いられる。また、眼球では半球 hemisphere も用いられる。タペタムは上側の半球に存在するので、これに関連させて使用されることが多い。

　眼球及び水晶体では、地球の座標をあてはめ、赤道 equatorial、前極 anterior pole、後極 posterior pole という表現が用いられる（図1-1-1参照）。特に水晶体では、前極、赤道部、後極で、皮質線維や水晶体嚢の生理学的／生化学的特徴に相違があるため、これらの用語を用いて水晶体混濁の位置を特定することは、混濁の発症機序を考察するうえで非常に重要である。また、水晶体や角膜では、「浅層 shallow」と「深層 deep」、さらに「中間層 intermediate」などの表現を加えて、病変の特徴を記載することが必要な場合がある。

### 2)大きさ

　病変の大きさは、病変の程度を示すものさしであり、リスク評価の土台となるデータである。特に経時的な観

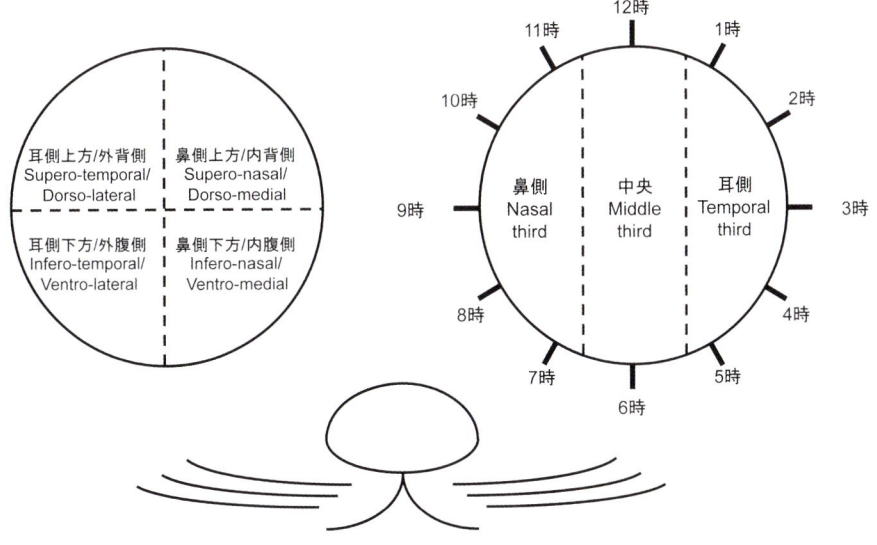

図2-1-1　眼科検査の解剖学的表現

察を実施した場合には、病変が悪化しているのか、あるいは回復しているのかを判断できる材料となる。

　眼瞼、結膜、角膜などの眼表面の病変は、ノギスなどを使用して直接測定することができる。その他、「微小」、「小型」、「中型」、「大型」などの主観的表現を使用する。水晶体や角膜の混濁などの病変では、「全体」という表現も使用される。特に、眼内の病変は直接の測定ができないので、主観的な表現を使用せざるを得ない。これらの主観的な表現は、同じ検査者でも検査ごとに誤差が生じる恐れがあるし、検査者が複数になれば、さらに誤差が大きくなる。誤差を最小にするためには、事前に大きさに関する用語の定義を明確にし、各検査者に徹底することが必要である。それでも誤差はなくならないので、誤差があることを前提にしてリスク評価を判断することが重要である。すなわち、微妙な大きさの記載に捉われすぎると、リスク評価の本質を誤る可能性がある。

　相対的な大きさの表現方法のひとつとして、基本的に大きさが不変の部位と比較する方法がある。眼底では、視神経乳頭の直径disc diameter、「dd」がしばしば用いられる表現である。

## 2.2　一般検査

### 1）外観の観察

　最初に、姿勢及び行動、動物の外観全体を観察する。視覚に障害がある動物では、姿勢や行動にも異常が認められることが多い。また、眼疾患の多くが全身疾患に関連するため、全体状態の把握は重要である。眼検査にあたっては、食欲、飲水、行動変化の検査結果も考慮すべきである。

　つぎに眼球と付属器の大きさ、位置、色などについて、

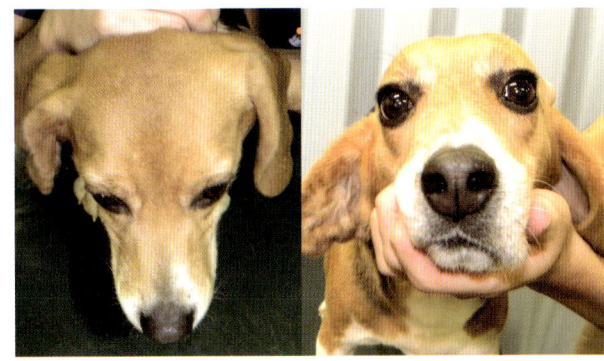

**図2-2-1：眼の対称性の検査**
対称性を適切に把握するためには、前方からの観察だけでなく、上方からの観察も重要である。
（撮影協力：日本獣医生命科学大学獣医外科学教室、余戸拓也博士）

左右の対称性を確認する。眼球の位置の異常は、眼周囲の筋あるいは神経支配の異常に起因する（図2-2-1）。

　眼瞼と瞬膜の動作を確認し、涙液層の状態を観察する。涙液層がその完全性を維持している場合、外観が滑らかで、角膜の表面に室内照明の形が映っているのが観察できる。

　眼からの分泌物dischargeは、その性状（漿液性serous、粘液性mucoid、膿性purulent）、量及び出現部位（角膜、眼瞼、鼻側、耳側）に注意する。漿液性分泌物は、反射性涙液分泌の亢進あるいは排出障害に起因する。反射性涙液分泌の亢進は、異物、睫毛の異常、類皮腫、眼瞼内反など、角膜表面を刺激する疾患によって引き起こされる。排出障害の場合、分泌物が内眼角に集まる傾向がみられる。粘液性分泌物が眼瞼縁に観察されたときは、涙液の水性成分の分泌減少が疑われる。

　発赤は、炎症状態の眼でしばしば認められ、眼内、強膜、強膜下及び結膜などに生じる。

　眼には、知覚神経が多く分布しており、眼疾患の多く

で疼痛が生じる。動物における疼痛の評価はなかなか難しいが、疼痛の有無を見極めることは異常の鑑別に重要である。顕著な疼痛があると、眼瞼を閉じて検査を拒否する。軽微な疼痛では、食欲低下、無気力、行動の変化を生じるのみで、疼痛の存在を把握することが困難である。緑内障glaucoma、ぶどう膜炎uveitis、穿孔性外傷perforative traumaなどは顕著な疼痛を生じるが、網膜変性retinal degenerationや多くの先天性疾患では疼痛は惹起されない。また白内障cataractでは、ぶどう膜炎を合併しない限り疼痛を生じない。

眼瞼攣縮blepharospasmは、角膜表面を刺激する疾患（角膜潰瘍corneal ulcer、異物foreign body、異所性睫毛ectopic ciliaなど）、緑内障、腫瘍、眼内炎などで生じる。

慢性の角膜異常は、睫毛重生distichiasis、睫毛乱生trichiasis、涙液分泌異常、免疫性疾患などに起因し、角膜に血管新生や色素沈着を生じる。

偶発的な疾病、外傷の多くは片側性に、その他の疾病は両側性に発症する。すなわち、医薬品の毒性・副作用として生じる眼異常は、基本的には両側性に発症するものと考えるべきである。しかし、発症時期が左右眼で多少異なることもあって、検査時期によっては片側性に異常が観察されることもある。このため、片側性の発症ということだけで医薬品の影響を否定することはできない。

ほとんどの動物種でヒトよりも嗅覚や聴覚、あるいはヒゲを介した触覚などの感覚器が発達しているので、片眼が失明していても正常とほとんど変わらぬ生活態度を示すことがあり、両眼が失明するまで発見が困難なこともある。

### 2）細隙灯顕微鏡検査（図2-2-2）

細隙灯顕微鏡検査slit lamp biomicroscopyは、スリット状の照明光を斜め横方向（約30°）から患部に当てて光の断層を作り、中間透光体を立体的に観察する方法である。連続的にスキャンするように観察しないと、見落としが生じる。また、観察者の視線と照明光の交点に焦点が固定されているので、観察者自身が患部との距離を調整して焦点を合わせなければならない。このため、水晶体のように厚みがある中間透光体の観察においては、前部、中間部、後部それぞれでスキャンするようにしないと、微小な変化を見逃すことがある。必要に応じ、病変の位置や形状によってスリット光の角度と幅を調整する。正面から照明を当てると、単純な拡大鏡としても使用できる。

照明光の使い方にも様々な方法がある。直接照明法は、患部に照明光を直接当てて観察する方法である。間接照明法は、観察したい部位の隣接部にスリット光を当てて観察する方法である。虹彩反帰光線法は虹彩の前面に照明光を当て、その反射光で患部を観察する方法である。同じように眼底に照明光を当て、その反射光で観察するのが徹照法である。スリットでの観察や、照明光の使い方を工夫することで、眼瞼縁、結膜、虹彩、角膜、眼房、房水フレア及び水晶体を観察することができる。硝子体も、前部までは観察できる。微小な変化を観察する技術であるので、弱い照明光では十分な観察は困難である。また、十分な強さの照明光であっても、細隙灯顕微鏡検査は、照明を落とした検査室で実施する方が良い。

スリット光を使って観察する時は、ランプハウスを斜めの位置にセットすることになるので、動物の鼻部が観察の障害になることがある。特に鼻が長い犬種の場合で顕著となるので、左右どちらからでもスリット光が使えるように、操作に習熟しておく必要がある。いずれにしても、細隙灯顕微鏡を用いた詳細な観察を可能にするには熟練が必要である。

細隙灯顕微鏡には、電源バッテリーを内蔵したハンドヘルドタイプと、光学台に固定して使用するテーブルマウントタイプがある（図2-2-3、図2-2-4）。

ハンドヘルドタイプは、動物がしっかりと保定されていれば、観察者自らが観察する部位の焦点を自由に調整できるので、動物の観察には適している。毒性試験で数十匹を連続して観察するとバッテリーが弱り、観察の継続が困難になるので、十分に充電された予備のバッテリーを用意しておく。

テーブルマウントタイプでは、スティックハンドルを調整することで、観察者自身が観察部位と焦点を調整することは可能である。しかし、可動範囲に限界があるので、保定者が細隙灯顕微鏡の焦点位置付近まで患部を近

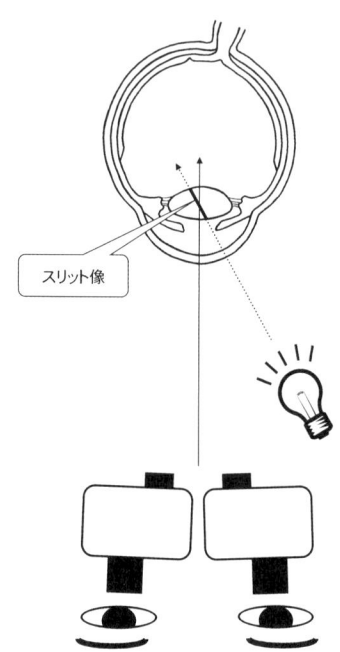

図2-2-2：細隙灯顕微鏡検査の概念図

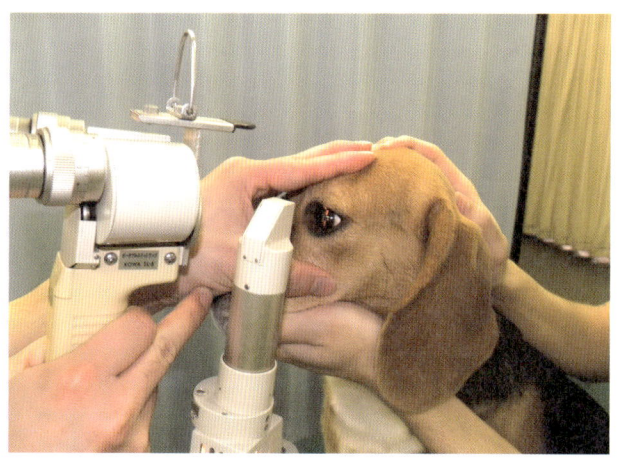

図2-2-3：ハンドヘルドタイプの細隙灯顕微鏡を使用した検査
（撮影協力：日本獣医生命大学獣医外科学教室、余戸拓也博士）

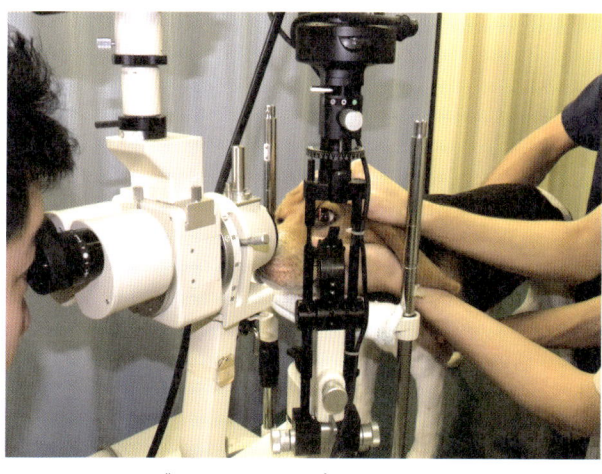

図2-2-4：テーブルマウントタイプの細隙灯顕微鏡を使用した検査
（撮影協力：日本獣医生命大学獣医外科学教室、余戸拓也博士）

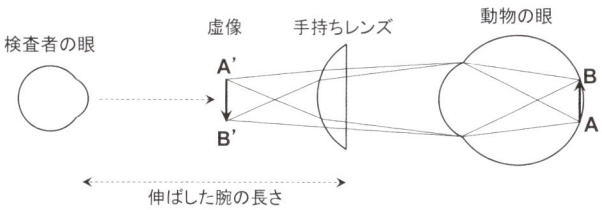

図2-2-5：倒像検眼鏡検査の概念図
手持ちレンズを腕を伸ばした状態で保持して検査すると、動物の眼の眼底（A→B）が反転した虚像（A'→B'）として観察できる。

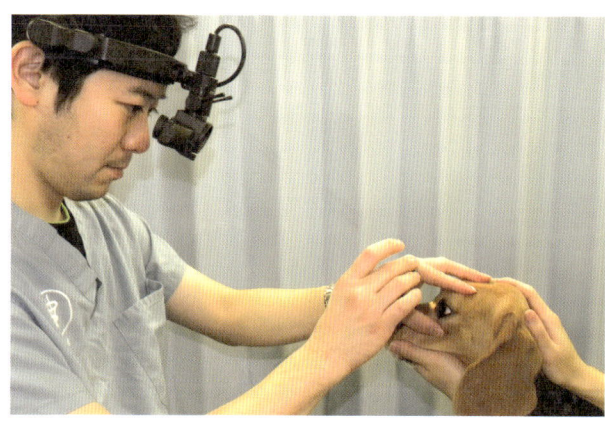

図2-2-6：双眼倒像検眼鏡を使用した検査
（撮影協力：日本獣医生命大学獣医外科学教室、余戸拓也博士）
写真の例では、検査者は右手に手持ちレンズを持ち、左手で動物の眼瞼を開きつつ、顔を位置を保持している。

づける必要があり、保定者の役割がより重要となる。しかし、テーブルマウントタイプは、レンズの拡大率が高いうえ、その性能も高いので、微細な観察が可能である。

テーブルマウントタイプには、カメラ（最近はデジタルカメラ）が付属しているものが市販されており、検査画像を記録する必要がある時には便利である。

### 3）倒像検眼鏡検査（図2-2-5、図2-2-6）

倒像検眼鏡検査 indirect ophthalmoscopy は、眼底を広い範囲で観察できる方法である。集光レンズ（手持ちレンズ）と観察者の間に作られた虚像を検査するもので、観察する虚像は上下左右が反転する。双眼倒像検眼鏡と単眼倒像検眼鏡が市販されているが、双眼倒像検眼鏡は立体視が可能で、さらに片手を自由に使えるという利点がある。自由に使える片手で動物の眼瞼を開いたり、顔の位置や向きを調節できるので、動物の検査に適している。

倒像検査は、照明を暗くした検査室で実施する。検眼鏡の照明光を動物の瞳孔から眼内に入射し、手持ちレンズが動物の約8〜10 cm手前になるように腕を伸ばした状態で保持して観察する。イヌ・ネコ・サル・ウサギなどでは20 D（ジオプターdiopter）、ラットでは28 D、マウスでは40 Dの手持ちレンズを使用するのが一般的であるが、病変の大きさに合わせてレンズを選択する。観察中にレンズをわずかに動かすことで視差を把握し、三次元的に観察することが重要である。14 Dレンズを用いた場合で、拡大率は約4倍、解像力は20 μm程度で眼底の周辺部までを観察できる。

手持ちレンズを拡大鏡として用いて、眼球周囲や外眼部を観察することもできる。倒像検査は、前述の通り、観察像の上下左右が逆転しているので患部を探すことが難しく、また立体的に観察できるようになるには熟練が必要である。

### 4）直像検眼鏡検査とペンライト検査（図2-2-7）

直像検眼鏡 direct ophthalmoscope は単眼視で、倒像検眼鏡より観察できる範囲が狭く、4 mm程度の範囲が観察できるに過ぎない。このため、眼底周辺部は観察しにくく、眼底全体の約50%が観察できるにとどまる。しかし、拡大率は大きく、眼底を14〜15倍の拡大率で観察できる。ただし、解像力は約70 μmであるため毛細血管までは観察できない。網膜に焦点を合わせるた

めには、患眼の表面から2〜3cmまで近づく必要があり、動物の鼻部が観察の障害になることがある。これを避けるため、検査者は右眼で動物の右眼を、左眼で動物の左眼を観察する。最初に拡大率表示を「0」に合わせて視神経乳頭を観察し、続いて周辺部を観察する。一般的にイヌの場合、視神経及び眼底では「−2〜+2」、水晶体後極では「+8〜+12」、前極では「+12〜+15」、角膜では「+15〜+20」の範囲で観察する。機種によって表示方法は異なるが、「プラス」では拡大率が緑色、「マイナス」では拡大率が赤色と異なる色で表示される。

眼底カメラは、メカニズム的には直像検眼鏡にカメラが装備されたものである。近年は、デジタルカメラ化されたものが発売されており、検査画像を記録する必要がある時には便利である。

ペンライトtransilluminatorを用いると、眼瞼縁、結膜、強膜、マイボーム腺、角膜、前房、虹彩及び水晶体前部などを簡易的に検査することができる。また、対光反射や瞳孔反射の観察に使用される。さらに、ペンライトを観察者の眼のすぐ横におき、手持ちレンズを用いて患眼を観察すると、簡易的に倒像での眼底検査をすることもできる。

### 5)眼底観察

眼底検査では、倒像検眼鏡あるいは直像検眼鏡を用いて視神経乳頭、網膜血管及び眼底の背景(タペタム及びノンタペタム)を評価する。一般的な検査の順序としては、乳頭の評価に続き、乳頭周囲の血管を観察し、全体の血管を観察しつつ背景も併せて評価する。

臨床所見、発症時期、病変の変化の過程を考慮し、異常の原因について可能性を考察しながら観察すべきである。

眼底の大部分はノンタペタム領域で、網膜色素上皮と脈絡膜の色素のため色調は暗い。これに対し、タペタム領域の色調は、極めて明るい。アルビノ動物では、脈絡膜血管まで透見できる。

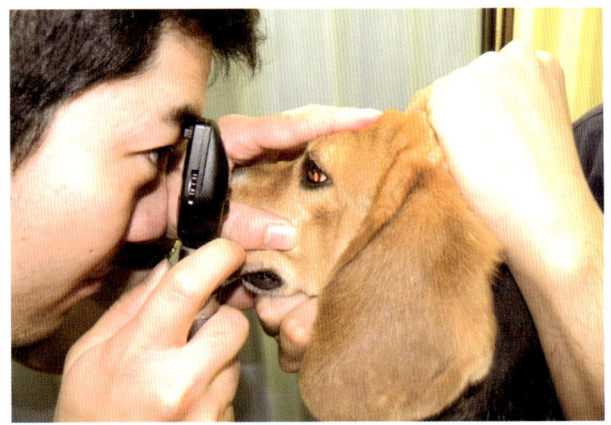

図2-2-7:直像検眼鏡を使用した検査
（撮影協力:日本獣医生命科学大学獣医外科学教室、余戸拓也博士）

#### a)視神経乳頭

視神経乳頭では、大きさ、形状、色、突出と陥凹の程度を評価する。視神経乳頭の大きさは、種ごとにほぼ一定である。実際の大きさは、水平方向の直径で約1〜3mmである。

イヌでは、ミエリンがみられ、乳頭周囲の神経線維にまで延びる。網膜血管は、乳頭の中心部でしばしば吻合を形成する。乳頭の色は、ミエリンの影響で白色ないし明るいピンク色である。ミエリンが存在するため、乳頭が突出してみえることがある(図4-2-1参照)。

ウサギの視神経乳頭は、ミエリンに富み水平方向に髄放線medullary rayを認め、陥凹している(図4-3-1参照)。

ネコの乳頭は、ほぼ円形でミエリンを欠く。乳頭の中心部に血管はみられない。乳頭は周囲の組織と同等あるいはやや陥凹している。乳頭の色は、灰白色ないし白色である。

#### b)網膜血管

網膜血管では、太さ、色調、蛇行を含む形状、出血の有無などについて評価する。

#### c)タペタム領域

タペタムでは、光の反射の均一性を評価する。タペタムの色調や大きさのバリエーションはよくみられるが、正常眼底における光の反射は均一である。脈絡膜血管を観察することはできない。タペタムの境界は明瞭ではなく、この部位の色調にもバリエーションがあって巣状のタペタム細胞がしばしば観察される。タペタムの色調は被毛の色と相関し、明るい色の被毛を持つ動物のタペタムの色調は比較的明るい。視神経乳頭の周囲は、しばしば光の反射性が高く色調が異なって観察されることがあるが、これは、その部位の網膜及びタペタムの厚さを反映したものである。

#### d)ノンタペタム領域

眼底組織が菲薄化すると、反射性の亢進として観察されるので、眼底組織の厚さの均一性を観察する。さらにノンタペタム領域では、網膜色素上皮の色素の均一性を評価する。正常においても、色素の分布には、様々なバリエーションがある。有色素動物における網膜色素上皮の色素は、脈絡膜の色素よりも濃いため、通常、脈絡膜血管を観察することはできない。色素の斑点は、正常なバリエーションである。明るい色の被毛を持つ動物の色素は薄く、特に虹彩が青い動物では、脈絡膜血管を観察できることがある。

網膜色素上皮に変性が生じたときには、臨床的に色素の集簇あるいは欠損として観察される。タペタム同様、この変化は巣状あるいは全体的に、片眼あるいは

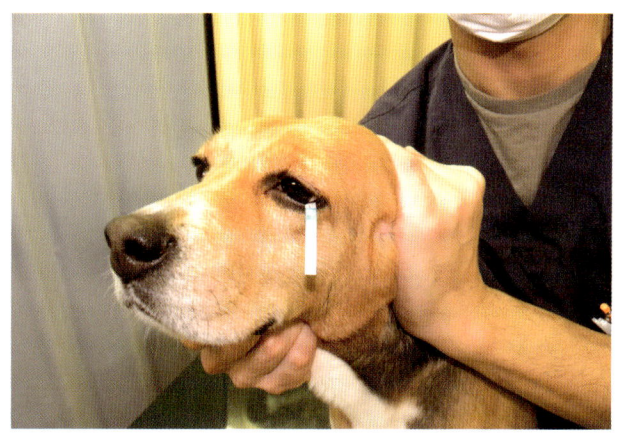

図2-3-1：シルマーテスト
（撮影協力：日本獣医生命大学獣医外科学教室、余戸拓也博士）

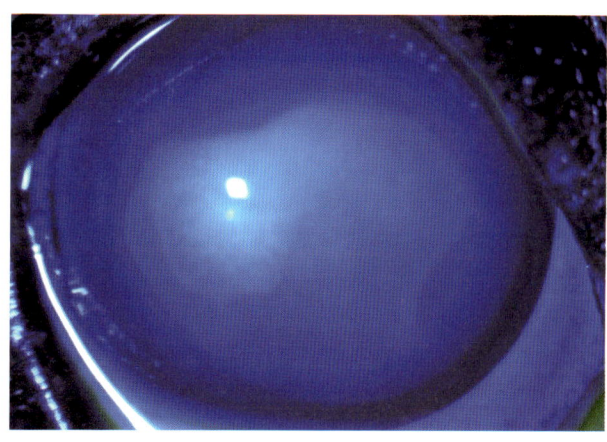

図2-3-2：潰瘍性角膜炎の蛍光染色像
（ウェルシュ・コーギー犬10歳齢メス）
（工藤動物病院、工藤荘六博士より恵与）

両眼に生じる。色素喪失部位では、脈絡膜を観察できることがある。

　組織の肥厚あるいは組織液の貯留がある場合、網膜色素上皮の観察が困難になる。組織液による肥厚では、蒼灰白色を呈する。細胞漏出も網膜色素上皮の観察を困難にし、白色ないし灰白色を呈する。出血は視野を妨げ、赤色を呈する。

## 2.3　特殊検査

### 1）涙液層・角膜を評価する検査

#### a) シルマーテスト（図2-3-1）

　シルマーテスト Schirmer tear test（STT）は、涙液の水性成分量を測定するもので、乾性角結膜炎（ドライアイ）keratoconjunctivitis sicca の診断に有用である。眼分泌物がある場合、検査前に綿棒や綿球などを用いてそれを除去する。検査操作の影響を少なくするため、他の検査に先だって実施すべきである。無麻酔下で実施すると基礎涙液分泌量と反射性涙液分泌量の総和が評価でき、麻酔下で実施すると基礎涙液分泌量が評価できる。

　シルマー試験紙は、通常、長さ35 mm、幅5 mmのろ紙で作られており、その先端を下眼瞼の結膜嚢に入れる。ろ紙が水分を吸収して濡れた部分の目盛りを1分後に読む。

　イヌの場合、15〜25 mmが正常値で、10 mm以下では臨床所見と併せて乾性角結膜炎と診断する。ネコの正常値にはバラツキがある。涙液の増加は、刺激の存在を示唆する。

#### b) 涙液層破壊時間検査

　涙液層破壊時間 tear film breakup time（tear BUT）検査は、角膜の表面から涙液が蒸発するまでの時間を測定して涙液層の完全性を評価するもので、乾性角結膜炎（ドライアイ）の診断指標である。最初にフルオレセインで染色し、一度瞬目させてフルオレセインを角膜の表面全体に均一に分布させてから、動物が瞬目しないように眼瞼を保持する。眼瞼を開けた時から、涙液蒸発の最初の兆候として、角膜の緑色染色部分に黒い部分が出現するまでの時間を計測する。コバルトブルー色の照明光を用いると観察が容易になる。正常なイヌの涙液層破壊時間は約20秒であり、10秒以下で異常と判断する。

#### c) 蛍光染色（図2-3-2）

　角膜は透明であるため、通常の細隙灯顕微鏡検査ではどの層が障害されているかを調べることは困難である。角膜の蛍光染色 fluorescein stain は、障害が上皮にとどまるのか、角膜実質まで達しているのか、さらにはデスメ膜まで達しているのかを臨床的に評価する方法である。角膜上皮にびらんや潰瘍が生じたときには、親水性の角膜実質が露出するため、水溶性の蛍光色素に表面が染色されるが、角膜上皮細胞が正常な場合は染色されない。また、病変がデスメ膜に達した場合も染色されない。

　まず、滅菌済みフルオレセイン試験紙を生理食塩液で濡らし、染色液を角膜へ滴下する。試験紙が角膜に直接接触すると刺激を与え、疑陽性の反応を引き起こすことがあるので注意する。通常、フルオレセインが滴下されると自分で瞬目するが、しない場合は検査者が指で瞬目させ、フルオレセインが角膜表面全体に、均一に分布するようにする。過剰の染色液は、生理食塩液で洗浄して除去する。ただちにコバルトブルー色の照明光を当てて評価する。

　なお、鼻腔からの染色液の排出は、鼻涙管系の流通が確保されていることを示す。

#### d) スペキュラマイクロスコープ検査と角膜厚検査

　スペキュラマイクロスコープ specular microscope 検査と角膜厚測定は、いずれも角膜の生理機能を検査

表2-3-1　各動物種の正常眼圧値（mmHg）

| 動物種 | 系統／品種 | トノペン | TonoVet/TonoLab | 文献 |
| --- | --- | --- | --- | --- |
| ラット | Wistar | | 18.4 ± 0.1 | Wang et al: 2005[1] |
| | Brown Norway | | 16.7 ± 2.3 | Morrison et al: 2009[2] |
| | Lewis | 13.9 ± 4.2 | | Wlliams: 2002[3] |
| マウス | Balb/c | | 10.6 ± 0.6 | Wang et al: 2005[1] |
| | C57-BL/6 | | 13.3 ± 0.3 | |
| | CBA | | 16.4 ± 0.3 | |
| | DBA/2J | | 19.3 ± 0.4 | |
| ウサギ | New Zealand White | 15.4 ± 2.2 | 9.5 ± 2.6 | Pereira et al: 2011[4] |
| イヌ | | 12.9 ± 2.7 | 10.8 ± 3.1 | Knollinger et al: 2005[5] |
| | | 11.1 ± 3.5 | 9.2 ± 3.5 | Leiva et al: 2006[6] |
| | | 11.6 ± 2.7 | 16.9 ± 3.7 | Park et al: 2011[7] |
| サル | | 15.2 ± 4.3 | | Williams et al: 2007[8] |

するものである。角膜内皮細胞密度が減少し、内皮のポンプ機能が低下すると、角膜浮腫を生じて角膜厚が増し、最終的には角膜混濁を生じる。

スペキュラマイクロスコープは角膜内皮を観察・記録する光学機器で、細胞密度、細胞面積、大小不同、六角形細胞率などの形状解析が容易に行える。角膜厚の測定にはパキメーターpachymeterを用いる。

### 2）眼圧検査（図2-3-3）

現在では、アプラネーション眼圧計（圧平眼圧計）applanation tonometerとリバウンド眼圧計rebound tonometerが一般的であるが、かつてはシェッツ眼圧計などの圧入式眼圧計indentation tonometerも用いられた。非接触眼圧計noncontact tonometerは、圧縮空気を用いて測定するもので、ヒトでの簡易検査には便利であるが精度は低く、動物ではほとんど使用されない。

アプラネーション眼圧計は、角膜が平らになるのに必要な圧力を測定するものである。トノペン（米国ライカート社製）が、よく使用されている。ゴールドマン眼圧計Goldmann tomometerもアプラネーション眼圧計の一種であるが、測定に染色液（フルオレセイン）が必要である。

リバウンド眼圧計は、磁力で駆動する小プローブが角膜表面に接触することで圧力を測定する。ヒト用（iCare）、イヌ・ネコ用（TonoVet）、ラット・マウス用（TonoLab）の専用機器が同一メーカー（アイケア　フィンランド社製）から発売されている。精度が高く、急速に普及している。先端チップが使い捨てであるので、感染リスクが低い。

散瞳すると、隅角が圧迫されて眼圧を上昇させてしまうので、眼圧検査は散瞳前に実施する。また、頸静脈や眼瞼を強く圧迫すると、眼圧を上昇させてしまうことがあるので、動物の保定と測定には熟練が必要である。また、動物の姿勢の相違（座位と立位）によっても眼圧の測定値

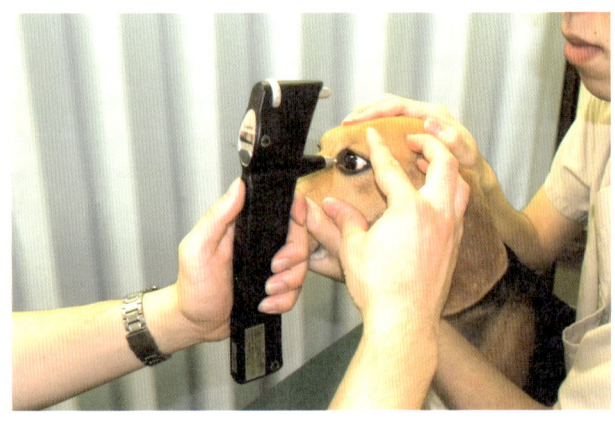

図2-3-3：TonoVetを使用した眼圧測定
（撮影協力：日本獣医生命大学獣医外科学教室、余戸拓也博士）

が異なる。測定に先立ち、トノペンなどの場合では角膜を局所麻酔するが、リバウンド眼圧計では局所麻酔は推奨されていない。なお、全身麻酔下では、一般的に眼圧が低下する。イヌの正常眼圧は15〜25 mmHgで、30 mmHg以上であれば緑内障を疑う（表2-3-1）。

### 3）蛍光眼底検査

蛍光眼底検査は、正常では血液−眼関門を通過できない蛍光色素を血管内へ投与し、血管壁や網膜色素上皮の血液−眼関門に生じた異常を観察する検査である。通常、網膜血管の観察にはフルオレセインを用いる。インドシアニングリーンは長波長の蛍光（ピーク：835 nm）を発するので、深部の観察に適しており、脈絡膜血管の観察に用いられている。

検査する動物は、前眼部の透明性が維持されていることが必須で、また検査前に散瞳させる必要がある。フルオレセインはアレルギーを起こすことがあることが知られており、顕著な全身疾患がある場合には禁忌である。撮影のためには眼底に焦点を維持する必要があり、適度

な鎮静及び麻酔が必要である。イヌには20 mg/kgのフルオレセインを投与する。

蛍光色素は静脈内投与後、速やかに末梢血管へ拡散し、分布の状態に応じた時間相を示すので、蛍光眼底検査では時間の要素が重要となる。フルオレセインによる蛍光眼底撮影の場合、時間とともに脈絡膜初期蛍光choroidal flush（脈絡膜血管が蛍光を発光）、網膜動脈相retinal arterial phase、初期静脈相early venous phase（静脈では管壁に沿ってのみ蛍光を発光）、動静脈相arterial-venous phase（動脈と静脈が同程度に蛍光を発光）、静脈相venous phase（動脈の蛍光が減弱）、後期造影相late phase（動静脈の蛍光が減弱）の順に経過する。脈絡膜血管には血液–眼関門が存在しないので、蛍光色素は徐々に血管から漏出し、脈絡膜や視神経乳頭に分布し、一部は強膜に吸収される。蛍光色素は毛様体からも漏出し、眼房や硝子体に広がることもある。

眼底蛍光の減少は、出血、浸出物、浮腫、色素などによる蛍光の遮蔽や、血管の閉塞や消失によって生じる。蛍光の増加は、タペタムや網膜色素上皮の障害あるいは炎症や血管新生による血液–眼関門の障害によって生じる。

### 4）電気生理学的検査

#### a）網膜電図検査（図2-3-4）

網膜電図検査electroretinography（ERG）は、短時間の光線刺激に対する網膜細胞の反応を、角膜と網膜の電位差から測定するものである。網膜の機能を評価することができるが、通常の網膜電図は網膜全体の機能を反映するもので、局所的な病変を検出することはできず（山本ら：2004[9]）、網膜電図が正常であっても、網膜に異常がないということはできない。

視細胞外節に光子が当たると視細胞に過分極が生じ、網膜電図では下向きのa波が検出される。つぎにミューラー細胞を起源とする振幅の大きな上向きのb波が出現する。視細胞の信号を受けて、双極細胞から$K^+$が放出され、それをミューラー細胞が取り込む。ミューラー細胞内では硝子体側の$K^+$の透過性が高く、$K^+$が硝子体側に流れ（電流は逆に流れ）、網膜全層に広がるため、b波は大きな陽性波として検出される。

a波からb波に移行する上方脚に出現する律動様小波oscillatory potentialは、アマクリン細胞を起源としている。律動用小波は、通常4つの小波（O1～O4）として認められる。数種類存在すると言われているアマクリン細胞のうち、特にドーパミン作動性の細胞が律動様小波に関与すると考えられている。網膜の虚血性変化によって影響を受けやすく、糖尿病性網膜症や網膜中心動脈閉塞症では減弱する。

特定の条件下では、b波に引き続き上向きの小さい

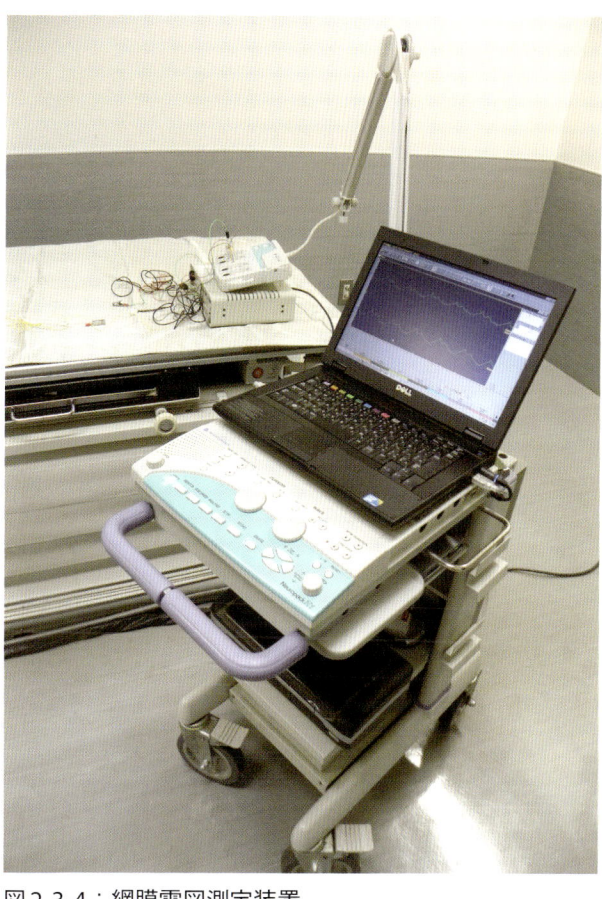

図2-3-4：網膜電図測定装置
（撮影協力：日本獣医生命大学獣医外科学教室、余戸拓也博士）

c波が観察される（約1/3のイヌに観察される）。c波は、主に網膜色素上皮の過分極によって生じ、網膜色素上皮の機能を反映する。

網膜電図は、機器や施設の違い、刺激光の強さや暗順応時間などによって異なる結果が得られることがあるので、国際臨床視覚電気生理学会（ISCEV）がヒト臨床網膜電図測定の標準プロトコール（Marmor et al：2009[10]）を、獣医領域では欧州獣医眼科学会（ECVO）がイヌの網膜電図測定プロトコール（Nrfstrome et al：2002[11]）を提唱している。

桿体と錐体の機能を分離して評価するためには、暗順応下と明順応下、刺激光の構成（フラッシュ光、フリッカー、パターン）、強度、間隔を変えて測定する。パターン刺激は、神経節細胞機能の評価に活用できる。麻酔は、波形に影響を及ぼす可能性がある。網膜機能を完全に喪失すると波形はフラットになり、進行性網膜萎縮では、波形の喪失あるいは減少が観察される。

上述の通り、通常の網膜電図は網膜全体の機能を反映するものであるのに対し、多局所網膜電図は六角形の刺激画面を使って多数の局所の網膜電図を記録するもので、網膜局所の障害を検出できる。

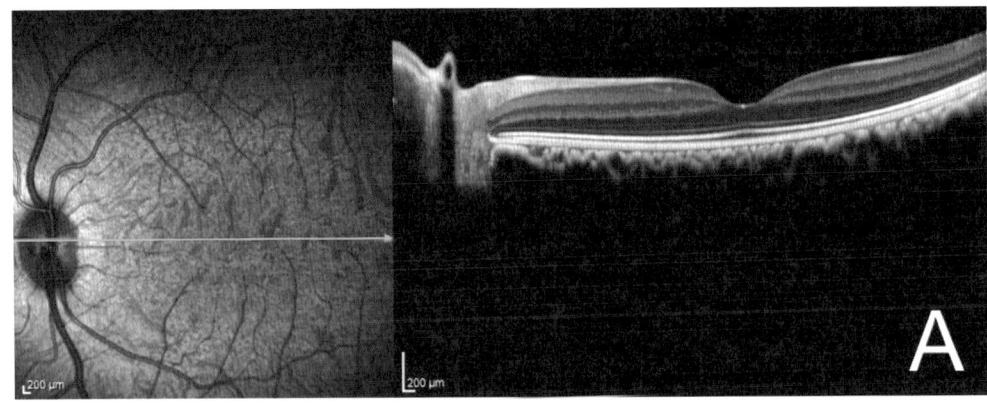
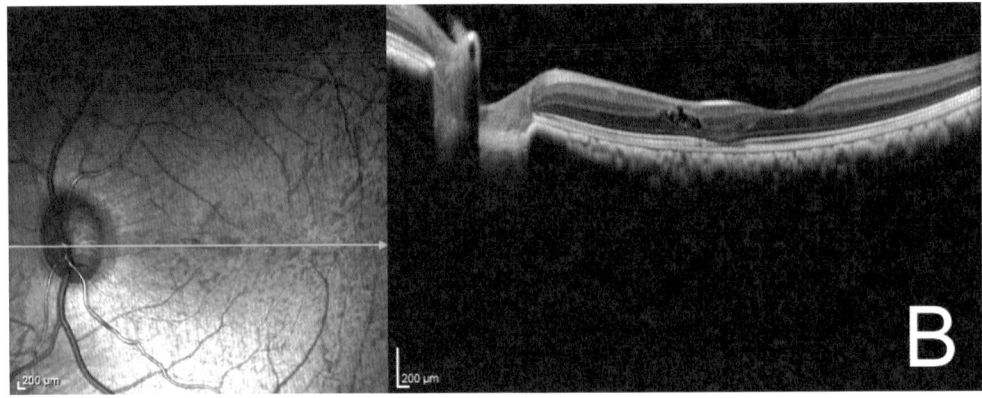

図2-3-5：カニクイザルの後眼部OCT画像
左側の眼底写真に示される緑色のラインの断層をOCT画像として示す。いずれもカニクイザル5歳齢オス
A：正常眼底像。網膜全層だけでなく、脈絡膜も観察できる。
B：異常眼底像。外顆粒層〜神経節細胞層の嚢胞様変化、外顆粒層の菲薄化、桿体錐体層の菲薄化が認められる。
（新日本科学、荒木智陽研究員より恵与）

### b）視覚誘発電位検査

視覚誘発電位 visual evoked potential（VEP）検査は、後頭葉にあたる頭皮上の電極で記録した脳波で、網膜の神経節細胞から視覚伝導路を経由して視覚皮質に至る神経信号を評価するものである。網膜周辺部に由来する線維は、後頭葉皮質の深い部位に投影されるため電位は記録できないのに対し、網膜の中心部に由来する線維は後頭葉皮質の浅い部位に投影される。このため、視覚誘発電位は、錐体が優位な網膜中心部付近の反応を反映し、網膜中心部の反応に由来する障害と、辺縁部の反応に由来する障害を鑑別するのに用いることができる。

## 5）画像診断

画像診断機器としては、X線検査、コンピュータ断層撮影検査（CT）、磁気共鳴断層検査（MRI）、超音波検査 ultrasonography などが普及している。特に、超音波検査は、獣医眼科臨床の現場で広く使用されている。すなわち、角膜、眼房、水晶体に混濁が生じていて、検眼鏡検査では眼底が透見できない場合の後眼部検査に有用で、網膜剥離や腫瘍などが診断できる。近年、光干渉断層計検査 optical coherence tomography（OCT）が、ヒトの眼科臨床現場で急速に普及しているが、獣医眼科臨床では導入が始まった段階である。

OCTは、スーパールミネッセンスダイオードを光源とする近赤外線（840 nm）を眼底に入射し、干渉波の強弱から画像解析するもので、眼底組織の各層を立体的に観察することができる。その検査像は、まさに生きた動物の眼底病理組織像を見ているかのようである。さらに網膜各層の厚さの定量的な解析が可能である（図2-3-5）。

最初に実用化された Time-domain OCT（TD-OCT）が1回のスキャンで1点の情報を得るのに対し、Spectral-domain OCT（SD-OCT）では1回のスキャンで深さ方向の情報がすべて得られるので高速化が可能となり、加算平均することで解像度の向上も図られ細胞単位での変化を検出できる。また、水による吸収が少ない1 μmの光源を用いる高進達OCTでは、脈絡膜までの観察が可能になった（大音ら：2012[12]）。さらに光源の波長を切り替えながら出力する Swept-source OCT（SS-OCT）は、SD-OCTよりも高速化が可能で、2012年から市販されている。これまでは据置型がほとんどであったが、最近、手持ち型のSD-OCT検査機器も発売された（籠川：2010[13]）。近年、

ラット（Nagata et al: 2009[14]）、マウス（Huber et al: 2009[15], Gabriele et al: 2010[16]）など、実験動物のOCT検査の成績が報告されている。さらにカニクイザルにおいて、黄斑円孔や神経節細胞の変性など鮮明なOCT像が報告された（荒木ら：2011[17]）。一方、McLellan et al（2012[18]）は、動物におけるOCT検査の問題点として、網膜各層の厚さの測定に検出エラーが生じることを指摘している。これは、ほとんどの機種がヒト用に開発されているため、他の動物種の検出に適するようにプログラムされていないことに起因し、ヒト用の機種で動物の検査を行う場合には、データのバリデーションに注意を払う必要がある。

OCT検査というと眼底を観察する後眼部OCTを指すことが多かったが、近年では前眼部OCTが開発され、ヒトの眼科臨床では、角膜、前房、虹彩、水晶体、隅角及び強膜の検査に活用されている（川名：2011[19]）。今後、後眼部OCT・前眼部OCTともに、毒性眼科さらには獣医眼科臨床で活用されていくことが期待される。

この他、ヒトの眼科臨床では、走査レーザーポラリメトリ装置（GDx）とハイデルベルグ網膜断層計 Heidelberg Retina Tomograph（HRT）などの画像診断機器が、緑内障の診断に使用されている。GDxは網膜神経線維層の厚さを計測する機器で、緑内障の早期診断と経過観察に有用である。HRTは乳頭面積、陥凹面積、陥凹容積及びリム容積など乳頭に関するパラメータを自動測定し、さらに診断プログラムも組み込まれている。

### 6）その他

この他、慢性眼瞼感染症、角膜潰瘍、慢性結膜炎及び膿性鼻涙管分泌物の診断では、培養による病原体の同定が有用である。

また、緑内障検査のひとつとして、隅角鏡検査gonioscopyが実施される。点眼麻酔のうえ、隅角鏡goniolensを角膜表面に接触させて、細隙灯顕微鏡、直像検眼鏡、ペンライトなどを用いて隅角を観察する。

## 2.4 視覚検査と神経眼科学的検査

眼科学的検査の最も重要な目的は、視覚機能を評価することにある。視覚の有無、あるいは視覚障害の程度は、当然のことながら生きた動物でなければ評価できない。これは、病理検査からは絶対に得られない情報である。細隙灯顕微鏡や倒像検眼鏡あるいは様々な特殊検査を駆使して所見を得ても、視覚機能の状態を評価していない結果では、所見の羅列に過ぎず検査本来の目的を果たしていない。

ヒトは外界からの情報のほとんどを視覚に頼っており、聴覚や嗅覚は補助的に使う程度である。一方、多くの動物種は、餌を探す行動においても、嗅覚やヒゲを介した触覚を活用している。しかし、イヌ、ネコ、サルなどでは、

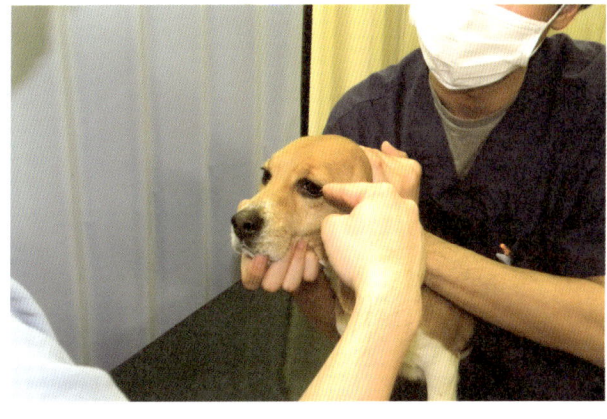

**図2-4-1：メナス反応**
（撮影協力：日本獣医生命大学獣医外科学教室、余戸拓也博士）

視覚からも外界から多くの情報を得ている。すなわち、これらの動物種では、メナス反応、綿球落下試験、障害物検査などの視覚検査を行うことが可能である。行動検査、外観検査、細隙灯顕微鏡検査及び眼底検査などの結果に、視覚への影響が示唆される所見があった場合には、躊躇なく視覚検査を実施すべきである。しかし、いずれの方法も、動物の視覚を評価する絶対的な方法ではなく、また検査者の主観に頼る方法であることから、複数の方法を組み合わせて、総合的に評価すべきである。

げっ歯類では、視覚から情報を得ている割合が、イヌ、ネコ、サルなどよりも低いため、メナス反応、綿球落下試験、障害物検査などから視覚機能を評価することは困難である。それらに変わる方法として、瞳孔反射がしばしば実施されるが、評価されるのが視覚軸索ではないことに留意する必要がある。

以下、動物に応用できる視覚検査と神経科学的検査法を紹介する。

### 1）視覚検査

#### a）メナス反応（図2-4-1）

メナス反応Menace responseとは、不意に視野の中へ物体が入った時に、瞬目したり、眼球や頭部を動かす反応のことである。これを観察することで、視覚を評価することができる。事前に眼瞼に触れて眼瞼反射を観察し、眼瞼の動作に機械的障害がないことを確認する。観察者は、手を視野外から視野内へ急に入れることで検査する。接触や空気の流動による反応が起きないように、手の動きは穏やかでなければならない。

メナス反応の遠心路は、顔面神経あるいは外転神経を経て、眼輪筋、眼球後引筋及び頸部筋に至る。視覚が正常であっても、遠心路やこれらの筋に異常があれば、正常なメナス反応は得られない。全身状態が悪い動物であれば、当然のことながら、正常なメナス反応が得られないことがある。

図2-4-2：綿球落下試験
（撮影協力：日本獣医生命大学獣医外科学教室、余戸拓也博士）

図2-4-3：障害物検査
（撮影協力：日本獣医生命大学獣医外科学教室、余戸拓也博士）

b）綿球落下試験（図2-4-2）

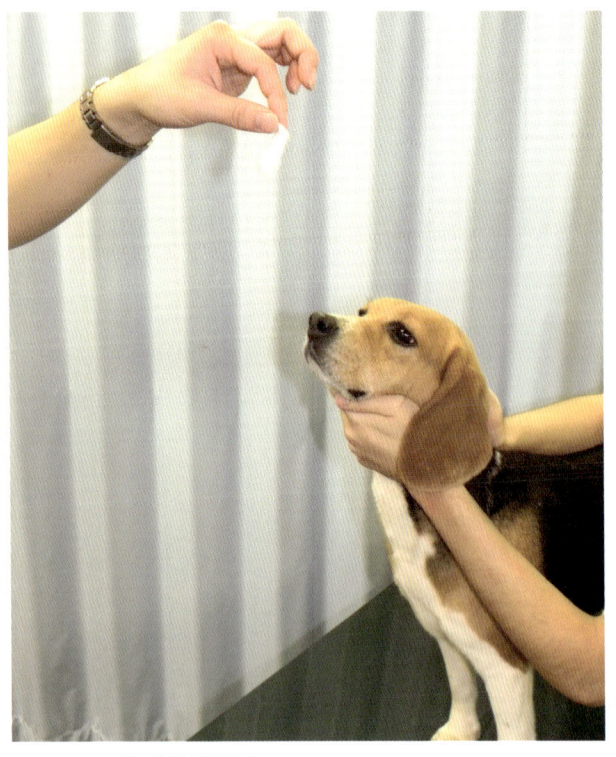

　綿球落下試験cotton ball testは、動く物体に対する反応をみるもので、動物で有効な視覚検査方法である。あらかじめ注意を引きつけておいた綿球を、動物の目前で落とす。聴覚、嗅覚、触覚の影響を排除するため、音、臭い、風を起こさない綿球が使用される。

　前方と側方で試すことで、中心部と周辺部の視覚をそれぞれ評価することも可能である。

c）障害物検査（図2-4-3）

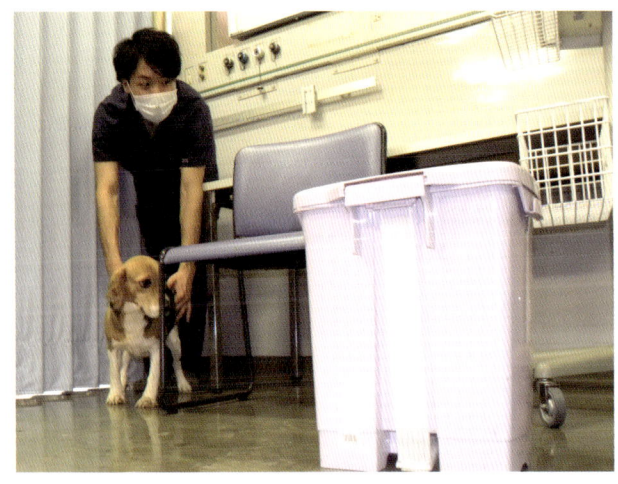

　障害物検査obstacle courseは、様々な大きさの物体を検査室に置いて動物の行動を観察し、視覚障害の程度を評価する方法である。障害物には何を用いても良く、検査室にある検査台やイスなども障害物として利用できるが、安全なものが望ましく、小型のプラスティックコーンなどを用意しておくとよい。室内の明るさを変えることで、桿体機能と錐体機能を分離して評価することができる。ネコは、視覚が正常であっても積極的に動かないので、この方法での評価は困難である。また、普段生活している部屋などで実施した場合、視覚に頼らなくても行動できるため評価を誤る可能性がある。

　なお、視覚が悪化したときの動物の行動の特徴として、イヌは嗅覚に頼る傾向があり、ネコは前肢で障害物を確かめようとする。

d）瞳孔反射（図2-4-4）

　瞳孔反射pupillary light reflexは、眼に光が当たったときに瞳孔が収縮することを確認する検査で、散瞳薬を点眼する前に実施しなければならない。

　瞳孔の収縮と散大は、基本的に副交感神経と交感神経のバランスの上に成り立っている。動眼神経の副交感神経線維に支配されている瞳孔括約筋は、瞳孔縁に位置していて散大筋よりも強力である。瞳孔散大筋は、放射状に走行していて交感神経に支配されている。興奮した動物は、交感神経刺激によって、散瞳する傾向がある。瞳孔反射は、視覚軸索そのものの評価ではなく、陽性を示す動物の視覚が必ずしも正常とは限らないが、求心路と遠心路を評価する手段としては有用である。

　求心路は、網膜、視神経、視交叉を経て視索に至る。ここから、ヒトでは80％の神経線維は外側膝状体を介して視放線と視覚皮質に達して視覚に寄与する。残り20％の線維は中脳と視床の結合部に存在する視蓋前域核pretectal nucleiへ至る。視蓋前域核の細胞は、網膜から受け取った刺激をエディンガー・ヴェストファルEdinger-Westphal核に投射する。遠心路は、エディンガー・ヴェストファル核、動眼神経、毛様体神経節、短毛様体神経を経て瞳孔括約筋に至る。瞳孔散大筋を支配する交感神経は、眼瞼裂上部から眼内に入る。

　哺乳類の虹彩は、瞳孔散大筋がノルエピネフリンを神経伝達物質とした交感神経刺激、瞳孔括約筋がアセチルコリンを神経伝達物質とした副交感神経刺激によって自律的に制御されており、瞳孔反射には比較的長い時間を要する。これに対し、哺乳類以外の動物の虹彩は、随意的に制御される骨格筋で構成されている

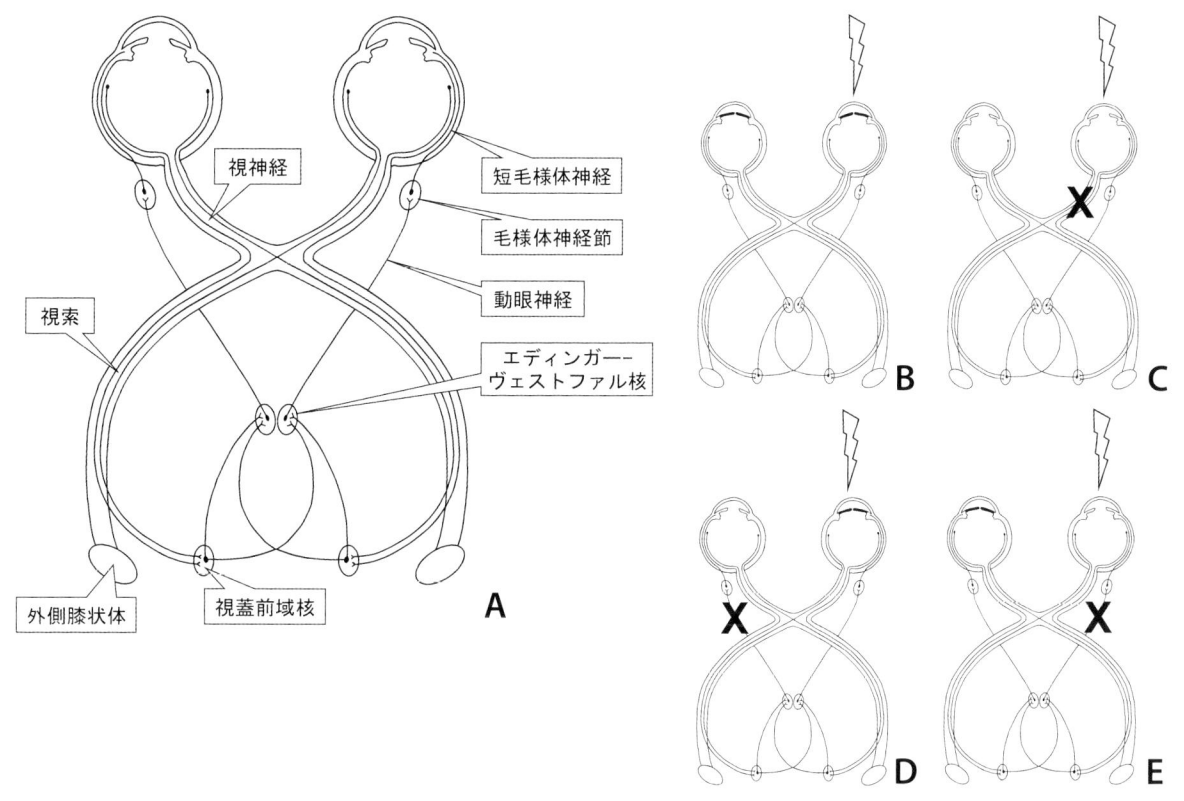

図2-4-4：瞳孔反射の概念図
A：瞳孔反射の経路。眼球を出た求心路は、視神経、視交叉、視索及び視蓋前域核へ至り、網膜からの刺激はエディンガー・ヴェストファル核に投射すされる。遠心路は、エディンガー・ヴェストファル核、動眼神経、毛様体神経節及び短毛様体神経を経て、瞳孔括約筋に至る。
B：片眼に照射したとき、両眼が縮瞳する場合。両眼の遠心路及び求心路とも正常である。
C：片眼に照射したとき、両眼とも縮瞳しない場合。照射された側の眼球あるいは視神経の異常が疑われる。
D：片眼に照射したとき、照射した眼は縮瞳するが、僚眼は縮瞳しない場合。僚眼の遠心路の異常が疑われる。
E：片眼に照射したとき、僚眼は縮瞳するが、照射した眼は縮瞳しない場合。照射した側の眼の遠心路の異常が疑われる。

ため、瞳孔反射に要する時間は短い。

直接瞳孔反射が、光を照射した側の眼の瞳孔反応を検査するのに対して、間接瞳孔反射は、僚眼の瞳孔反応を検査するものである。直接瞳孔反射と間接瞳孔反射を繰り返して検査することにより、異常がある部位が求心路なのか、あるいは遠心路なのかを推定することができる。

瞳孔反射に異常があった場合、虹彩に機械的・構造的な異常といった非神経学的障害がないことを最初に確認し、さらにアトロピンのような副交感神経作動薬などによって薬理学的にブロックされていないことを確認する。

眼球、眼窩及び眼付属器に達する交感神経系は長く、多くの器官を経由しているので、神経支配を遮断する原因には、経路中における様々な器官の異常が関与する可能性がある。

### e) 交互対光反射試験

瞳孔反射の評価において、交互対光反射試験swing flash light testを同時に行うことができる。これは、光を両眼に交互に当てるもので、正常な場合、両眼の縮瞳は同程度、あるいは光が照射された眼の反応がわずかに強くなる。初期の縮瞳直後、わずかに散瞳する現象がみられることがあるが、網膜の順応によるもので正常な反応である。

### f) 視運動反応

視運動反応optomotor responseは、内筒に縦縞模様がプリントされたドラムの中に動物をおき、ドラムを回転させて、動物の頭部の動きを観察することで視覚の有無を検査する方法である。他の方法では、視覚を検査しにくいラットやマウスのような小動物でも検査が可能である(Tomita et al: 2010[20], Abdeljalil et al: 2005[21])。最近は、動物の四方にディスプレイをおき、コンピュータを用いて縦縞模様を回転させるバーチャル視運動反応検査法も開発されている(Prusky et al: 2004[22])。

### g) その他の視覚試験

視覚性断崖回避試験visual cliff testは、動物を検査台の端におき、検査台から落ちそうになった時の反応を観察する方法である。また、視覚性踏み直し試験visual placing reaction testは、空中に不安定な状態で抱え上げ

られたり吊り下げられた動物が、つかまることができるものに前肢を伸ばす様子を観察する方法である。

### 2）神経眼科学的検査

#### a）暗順応試験

暗順応試験dark adaptation testは、5分間程度、暗順応して評価する。正常眼は完全に散瞳し、かつ対称性がある。

暗順応試験は、瞳孔不同が暗順応によって顕著に観察できるため、ホーナー症候群の診断に有用である。患眼は縮瞳し、健常眼は散瞳する。

#### b）眼瞼反射

眼瞼反射palpebral reflexは、内眼角あるいは外眼角に観察者が触れることで惹起される瞬目反応である。眼瞼反射が正常に生じるためには、眼瞼の知覚神経、求心路と遠心路、眼輪筋が正常に機能する必要がある。眼瞼反射の求心路は三叉神経枝である上顎神経（外眼角）と眼神経（内眼角）で、遠心路は顔面神経である。

試験の実施にあたっては、視覚反応（メナス反応）を避けることが重要で、視野外の下方あるいは上方から指を近づける必要がある。綿球などを角膜に接触させる角膜反射corneal reflexも、三叉神経と顔面神経の機能を評価できる手法であるが、角膜に障害がある動物にはリスクがある。

#### c）前庭性眼反射

動物は体が動いても固視点を動かさず、地平線に対して視線を水平に維持しようとする。この反応を前庭性眼反射vestbuloocular reflexといい、頭位変換眼球反射oculocephalic reflexあるいはドール反射doll's head reflexとも呼ばれる。動物の頭を動かしたとき、動かした方向と反対方向に眼球が動く反応を観察するものである。

この反射が成立するためには、動眼神経、滑車神経、外転神経、内耳神経及び外眼筋の正常な機能が必要である。

**参考文献**

1. Wang WH, Millar JC, Pang IH, Wax MB, Clark AF. Noninvasive measurement of rodent intraocular pressure with a rebound tonometer. Invest Ophthalmol Vis Sci. 2005 ; 46 : 4617-4621.
2. Morrison JC, Jia L, Cepurna W, Guo Y, Johnson E. Reliability and sensitivity of the TonoLab rebound tonometer in awake Brown Norway rats. Invest Ophthalmol Vis Sci. 2009 ; 50 : 2802-2808.
3. Williams DL. Ocular disease in rats: a review. Vet Ophthalmol. 2002 ; 5 : 183-191.
4. Pereira FQ, Bercht BS, Soares MG, da Mota MG, Pigatto JA. Comparison of a rebound and an applanation tonometer for measuring intraocular pressure in normal rabbits. Vet Ophthalmol. 2011 ; 14 : 321-326.
5. Knollinger AM, La Croix NC, Barrett PM, Miller PE. Evaluation of a rebound tonometer for measuring intraocular pressure in dogs and horses. J Am Vet Med Assoc. 2005 ; 227 : 244-248.
6. Leiva M, Naranjo C, Peña MT. Comparison of the rebound tonometer (ICare) to the applanation tonometer (Tonopen XL) in normotensive dogs. Vet Ophthalmol. 2006 ; 9 : 17-21.
7. Park YW, Jeong MB, Kim TH, Ahn JS, Ahn JT, Park SA, et al. Effect of central corneal thickness on intraocular pressure with the rebound tonometer and the applanation tonometer in normal dogs. Vet Ophthalmol. 2011 ; 14 : 169-173.
8. Williams DL. Laboratory Animal Ophthalmology. In : Gelatt KN, edited. Veterinary Ophthalmology. 4th ed. Iowa : Blackwell Publishing ; 2007.
9. 山本修一, 新井三樹, 菅原岳史, 近藤峰生. どうとる？どう読む？ERG. メジカルビュー社. 東京；2004.
10. Marmor MF, Fulton AB, Holder GE, Miyake Y, Brigell M, Bach M; International Society for Clinical Electrophysiology of Vision. ISCEV Standard for full-field clinical electroretinography (2008 update). Doc Ophthalmol. 2009 ; 118 : 69-77.
11. Narfström K, Ekesten B, Rosolen SG, Spiess BM, Percicot CL, Ofri R; Committee for a Harmonized ERG Protocol, European College of Veterinary Ophthalmology. Guidelines for clinical electroretinography in the dog. Doc Ophthalmol. 2002 ; 105 : 83-92.
12. 大音壮太郎, 板谷正紀. 光干渉断層計の進化. あたらしい眼科. 2012 ; 29(臨増): 3-10.
13. 籠川浩幸. 手持ち型OCT(iVue)について教えてください（眼科の新しい検査法）--（網膜疾患）. あたらしい眼科；2010 ; 27: 133-137.
14. Nagata A, Higashide T, Ohkubo S, Takeda H, Sugiyama K. In vivo quantitative evaluation of the rat retinal nerve fiber layer with optical coherence tomography. Invest Ophthalmol Vis Sci. 2009 ; 50 : 2809-2815.
15. Huber G, Beck SC, Grimm C, Sahaboglu-Tekgoz A, Paquet-Durand F, Wenzel A, et al. Spectral domain optical coherence tomography in mouse models of retinal degeneration. Invest Ophthalmol Vis Sci. 2009 ; 50 : 5888-5895.

16 Gabriele ML, Ishikawa H, Schuman JS, Bilonick RA, Kim J, Kagemann L, et al. Reproducibility of spectral-domain optical coherence tomography total retinal thickness measurements in mice. Invest Ophthalmol Vis Sci. 2010 ; 51 : 6519-6523.

17 荒木智陽, 東亜里沙, 樺山浩二, 一井隆亮, 永江陽奈, 大島洋次郎. カニクイザルの眼科学的検査におけるOCTの有用性. 比較眼科研究. 2009 ; 30 : 23-28.

18 McLellan GJ, Rasmussen CA. Optical coherence tomography for the evaluation of retinal and optic nerve morphology in animal subjects: practical considerations. Vet Ophthalmol. 2012 ; 15 Suppl 2 : 13-28.

19 川名啓介. 前眼部OCT. 臨眼. 2011 ; 65: 84-87.

20 Tomita H, Sugano E, Isago H, Hiroi T, Wang Z, Ohta E, et al. Channelrhodopsin-2 gene transduced into retinal ganglion cells restores functional vision in genetically blind rats. Exp Eye Res. 2010 ; 90 :429-436.

21 Abdeljalil J, Hamid M, Abdel-Mouttalib O, Stéphane R, Raymond R, Johan A, et al. The optomotor response: a robust first-line visual screening method for mice.Vision Res. 2005 ; 45 : 1439-1446.

22 Prusky GT, Alam NM, Beekman S, Douglas RM. Rapid quantification of adult and developing mouse spatial vision using a virtual optomotor system. Invest Ophthalmol Vis Sci. 2004 ; 45 :4611-4616.

# 第 3 章
# 獣医領域の眼疾患

獣医領域の眼疾患についての知識が獣医眼科臨床にあたって重要なことは言うまでもないが、眼毒性研究者も実験動物に生じる可能性がある眼障害及びヒトの眼障害を理解しておく必要がある。これらを理解せずに、視覚に影響を与える病変の臨床的重要性を考察することは難しい。また、様々な眼障害のプロセスを理解することは、眼毒性の発症機序の考察、さらにはヒトへのリスク評価の外挿に役立つ。

本章では、獣医領域の代表的な眼疾患について解説する。さらに必要に応じてヒトの眼疾患についても簡単に触れる。

## 3.1 眼球と眼窩の疾患

眼球の疾患は、先天的に発症するものが多い。先天性の眼疾患は、胎生期における化学物質の曝露によって生じることがあり、胚・胎児毒性試験で検討の必要性を考慮すべき場合がある。

眼窩の疾患では、正常とは異なる位置に眼球が移動した状態として観察されることがある。また、眼窩の疾患の起源は、眼窩内のみならず、鼻腔、側頭筋など周辺の組織に由来することがある。眼窩の空間全体に充満するような病変の場合、下眼窩裂方向、すなわち口腔方向へ異常が波及することがある。

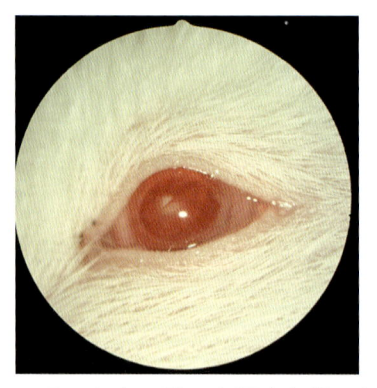

図3-1-1：UPLラットホモ型の小眼症を伴った白内障

### 1) 先天性の眼球と眼窩の疾患

#### a) 無眼球症

無眼球症anophthalmiaは、眼球そのものを先天的に欠損する疾患である。通常、疼痛はない。両側性の無眼球症は、生まれながらにして失明していることを意味する。

#### b) 小眼症

小眼症microphthalmiaは、先天的に眼球が正常より小さい疾患である。後述する眼球癆との鑑別が必要である。

軽症の場合には、視覚に影響しないこともあるが、通常、瞳孔膜遺残、白内障、網膜異形成、コロボーマなど、他の眼疾患を併発していることが多い。眼振を生じることもある。強膜と脈絡膜の成長には一定の眼圧が必要であるが、それを欠くことから、小眼症眼の強膜や脈絡膜の成長は十分ではない。

自然発生白内障モデルであるUPLラットのホモ型は、小眼症を伴った白内障を先天性に生じる（友廣ら：1993[1], Tomohiro et al: 1993[2]）（図3-1-1）。

#### c) 単眼症

単眼症cyclopiaは、左右眼が癒合したもので、先天性の疾患である。通常、頭蓋・顔面の奇形を併発する。

#### d) コロボーマ

コロボーマcolobomaは、発生過程における眼杯裂の閉鎖不全によって、眼球組織の一部が欠損する疾患である。眼杯裂の位置、すなわち眼球の6時方向に特異的に生じる。欠損する部位によって、虹彩コロボーマ、水晶体コロボーマ、網膜コロボーマなどと呼ばれる。

#### e) 斜視

斜視strabismusは、左右眼の視軸が同じ固視点に向いていない眼位異常である。正常であれば、固視点と網膜中心窩を結ぶ視軸は、角膜及び水晶体の屈折面の曲率中心を結ぶ光軸と水晶体の中心で交差する。

斜視は先天性異常のほか、外傷性の眼球突出や眼球後方の疾患、動眼神経、滑車神経、外転神経の障害によっても生じる。

#### f) 眼振

眼振nystagmusは、律動的に繰り返す不随意な眼球運動である。眼球運動は、緩徐相と急速相を繰り返していて、正常においても前庭性眼反射のような頭部の運動に付随して眼振が生じる。病的な眼振は、中枢性

あるいは末梢性の前庭疾患によって生じる。また、先天性の複合的眼疾患（小眼症、瞳孔膜遺残、白内障など）の場合や、幼若期から失明した場合にも、しばしば眼振が認められる。小脳の異常によっても、眼振が認められることがある。

### 2）後天性の眼球と眼窩の疾患

#### a）眼窩の外傷性疾患

眼窩に外傷が認められた場合は、眼球あるいは視神経へ障害が及んでいる可能性も考慮し、機能が正常になるまで眼球を保護することを考えなければならない。眼窩の出血は、結膜下あるいは眼球後部に由来する。眼球後部の出血は眼球突出を引き起こすことがある。眼窩の異物は、口腔あるいは周辺の外皮から排出されることがあるが、一般的には疼痛やその他の眼異常を引き起こす。眼窩を構成する骨が骨折すると、摩擦音、位置の異常、出血などがみられる。

#### b）眼球突出

眼球突出 exophthalmia, proptosis of the globe は、眼球が前方へ突出する疾患であるが、眼球そのものの大きさは変化していない。後述する牛眼との鑑別が必要である。骨折、後眼部の出血及び腫瘍などによって生じる。闘争など外傷による直接的な牽引によっても生じることがある。外眼筋、眼窩骨膜の伸長あるいは断裂、出血、疼痛を生じる。続発症として、眼球の位置異常を生じる。特に下斜筋と内直筋が断裂しやすく、外上方への位置異常が起きる。検査の過程で、眼瞼裂が正常より拡大しているか、眼瞼が完全に閉鎖できるかを確認することが、予後判定に重要である。左右の眼をよく比較し、突出の程度を判定する。

#### c）牛眼

牛眼 buphthalmia は、緑内障によって眼球が後天性に大きくなる疾患である。眼球が大きくなることによって角膜内皮が断裂し、デスメ膜に条痕（ハーブ線条 Haab's striae）を生じることがある。神経節細胞の変性、視神経の萎縮が生じると予後不良である。

自然発生白内障モデルである UPL ラットのホモ型では、虹彩全体が虹彩後癒着を起こして、牛眼を生じることがある（友廣ら：1993[1]，Tomohiro et al: 1993[2]）（図3-1-2）。

#### d）眼球陥凹

眼球陥凹 enophthalmia は、眼球が後方へ変位する疾患である。眼球そのものの大きさに変化はない。球後組織の喪失（眼窩骨折を伴う外傷、球後脂肪の減少を引き起こすような全体状態の悪化、組織の収縮を引き起こす脱水、咀嚼筋の炎症、外眼筋の収縮）やホーナー症候群によって生じる。ホーナー症候群は、しば

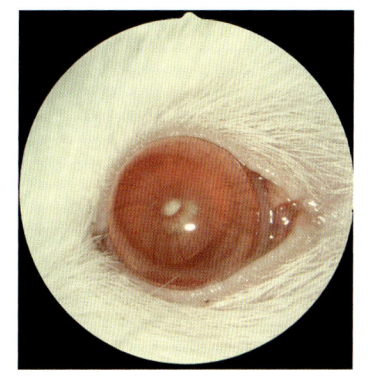

図3-1-2：UPLラットホモ型の牛眼を生じた白内障

しば中耳疾患や頸部の外傷によって生じ、眼瞼下垂や縮瞳、瞬膜突出を伴う。眼球陥凹では、二次的な瞬膜突出、眼瞼裂形状の異常を生じることがある。

#### e）眼球癆

眼球癆 phithisis bulbi は、毛様体に重度の障害が生じ、房水産生が減少し眼圧不足に至って眼球が縮小する疾患である。小眼症と異なって、後天性に生じる。角膜は混濁し、色素を伴った血管新生を生じる。通常、重度の外傷、慢性ぶどう膜炎や緑内障に引き続いて発症する。実験動物では、げっ歯類の眼窩静脈叢からの採血後に認められることがある。

一般的に眼球癆には疼痛があるが、小眼症には疼痛はない。また、小眼症は先天性疾患であるので幼若期の動物に見出されることが多いが、眼球癆の発症は年齢とは無関係である。

#### f）眼窩の炎症

眼窩の炎症では、腫脹、眼球突出、瞬膜の突出、結膜及び上強膜の充血、漿液性ないし膿性粘性の眼分泌物、球後の疼痛、開口時の疼痛、食欲不振や大臼歯後方の腫脹などが認められる。口腔から異物が穿孔して眼窩に達した場合にも、眼窩に炎症が生じることもある。

急性蜂窩織炎では、上記の症状に加え、発熱、白血球増多症を認める。悪化した場合には、膿瘍あるいはろう管形成がみられ、口腔にろう孔が開口することもある。口腔あるいは鼻腔の感染症から波及して生じることが多い。

蜂窩織炎が慢性化すると、線維化して眼球の可動性が低下し、眼球陥凹を伴った瘢痕を形成する。

#### g）眼窩の腫瘍

眼窩腫瘍の多くは悪性である。腫瘍は眼球を突出させることがあり、牛眼との鑑別が必要である。

## 3.2　眼瞼の疾患

眼瞼は、涙液層を正常に保ち、角膜や結膜の機能を維

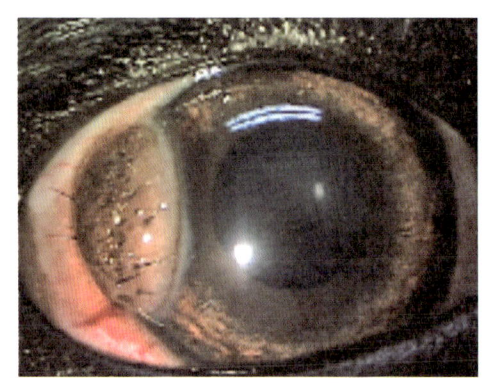

図3-2-1：類皮腫(フレンチ・ブルドッグ犬4ヶ月齢オス)
(工藤動物病院、工藤荘六博士より恵与)

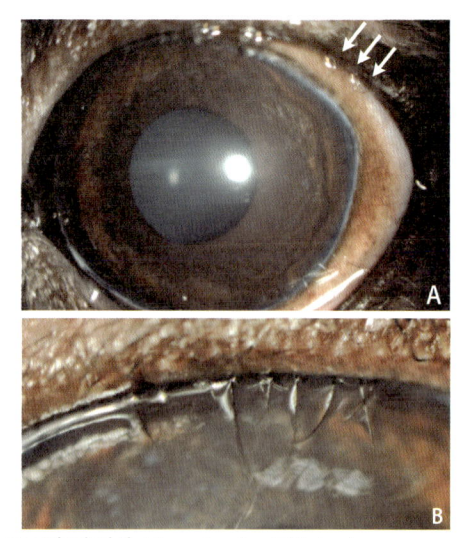

図3-2-2：睫毛重生(シーズー犬1歳齢オス)
(工藤動物病院、工藤荘六博士より恵与)

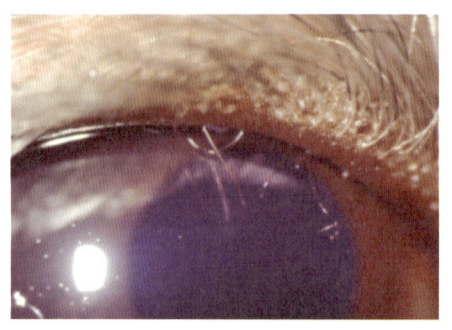

図3-2-3：睫毛乱生(シーズー犬1歳6ヶ月齢メス)
睫毛乱生だけではなく、睫毛重生も生じている
(工藤動物病院、工藤荘六博士より恵与)

持する役割を果たしている。このため、眼瞼に異常が生じると、続発的に涙液の分布異常、結膜や角膜の炎症などを引き起こす。

いかなる原因によっても眼瞼が腫脹すると、眼瞼縁と角膜の正常な接触及び眼瞼の正常な動作が妨げられる。眼瞼裂が異常に大きくなっても、眼瞼の正常な閉鎖の妨げとなる。外傷、外耳炎、ウイルス感染、腫瘍などによる中枢神経系異常に起因する顔面神経機能異常は、眼輪筋麻痺を引き起こし、眼瞼が正常に閉鎖しなくなる。

また、瞬目過多excessive blinkingは、角膜刺激、羞明photophobia、眼内疼痛によって発現することがある。

### 1) 先天性疾患及び発達障害

多くの動物種で、出生時の眼瞼は閉鎖している(生理的眼瞼閉鎖physiologic ankyloblepharon)。イヌでは、内眼角近傍でピンポイントに開口しているだけである。出生時には、多くの周辺組織が未成熟であるため、眼を保護するために眼瞼は閉鎖していると言われている。イヌでは、10～14日齢頃から眼瞼の開離が始まる。

#### a) 眼瞼無形成

眼瞼無形成eyelid agenesisは、眼瞼縁の一部分が形成されずに欠損が生じる疾患である。正常な眼瞼縁は、瞬目時に涙液層表面を拭って涙液の分布を整える役割を果たしているが、完全に閉眼することができない眼瞼無形成眼は、この機能を欠く。また、眼瞼欠損部の不整な体毛や皮膚から、角膜に対する慢性的な刺激を受け続けるため、眼瞼無形成眼では角膜炎が生じる。

#### b) 眼瞼閉鎖

眼瞼閉鎖ankyloblepharonは、開眼が不完全となる疾患である。結膜嚢の細菌感染によって生じる新生児眼炎ophthalmia neonatorumでは、しばしば膿性結膜炎を生じて眼瞼閉鎖を引き起こす。

#### c) 類皮腫(図3-2-1)

類皮腫dermoidは、結膜や角膜上に異所性の皮膚組織が出現する疾患である。皮膚組織から体毛が発生すると、角膜が慢性的に刺激され、流涙、眼瞼痙攣bleospasm、結膜炎、角膜炎、角膜潰瘍などを生じる。

#### d) 睫毛重生(図3-2-2)

睫毛重生distichiasisは、マイボーム腺の形成異常によって、眼瞼縁上に睫毛が発生する疾患である。通常、マイボーム腺開口部の近傍から1本ないし数本の睫毛が発生する。睫毛は、しばしばムチンに覆われていることがあり、診断の手がかりとなる。睫毛重生が生じると、角膜が慢性的に刺激され、流涙、眼瞼痙攣、結膜炎、角膜炎、角膜潰瘍などを生じる。

#### e) 睫毛乱生(図3-2-3)

睫毛乱生trichiasisの睫毛は、正常な位置から発生しているが、角膜に直接接触し、角膜炎や流涙を生じる疾患である。犬種によって、特に小型犬において、眼周囲における皮膚のシワの影響で本症が認められる。

#### f) 異所性睫毛(図3-2-4)

異所性睫毛ectopic ciliaは、睫毛が眼瞼結膜を貫通して成長し、結膜や角膜を刺激する疾患である。細隙灯顕

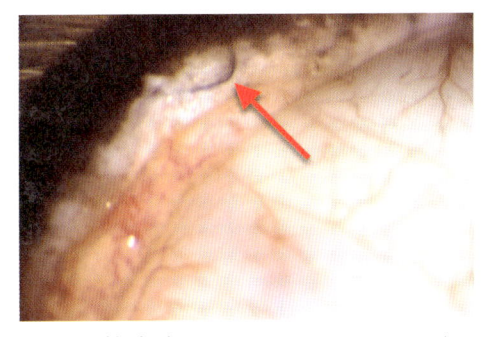

図3-2-4：異所性睫毛（トイ・プードル犬1歳齢メス）
（工藤動物病院、工藤荘六博士より恵与）

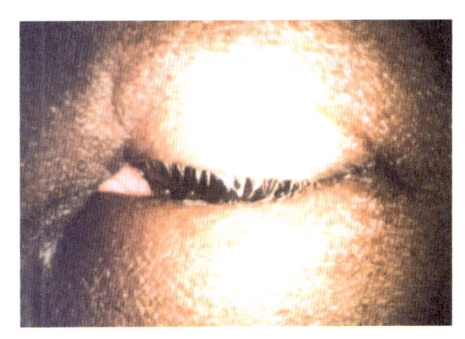

図3-2-5：内反症（チャイニーズ・シャー・ペイ犬4ヶ月齢オス）
（工藤動物病院、工藤荘六博士より恵与）

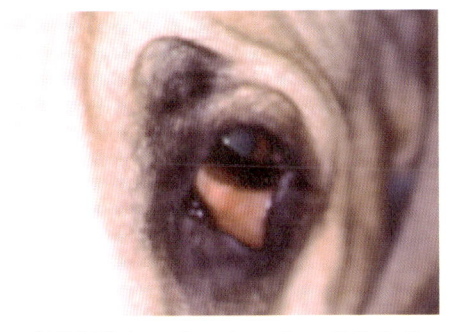

図3-2-6：外反症（グレート・デーン犬5ヶ月齢メス）
（工藤動物病院、工藤荘六博士より恵与）

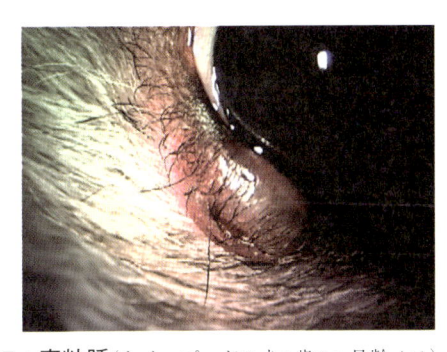

図3-2-7：麦粒腫（トイ・プードル犬1歳5ヶ月齢メス）
（工藤動物病院、工藤荘六博士より恵与）

微鏡を用いた強拡大での検査を行わないと、その発見は困難である。多くの場合、短小な睫毛が眼瞼縁の2～4mm内側に位置する。睫毛重生に併発することもある。異所性睫毛が生じると、角膜が慢性的に刺激され、眼瞼痙攣、流涙、結膜炎及び角膜潰瘍を生じる。

g) 内反症（図3-2-5）

内反症entropionは、眼瞼裂の全体あるいは一部が内反する疾患で、角膜が慢性的に刺激を受け表層角膜炎や角膜潰瘍を引き起こす。眼球から瞼板に対する反圧、眼輪筋の収縮、眼瞼裂の長さの関係が正常でないときに生じる。幼若期（6カ月齢以下）に生じる発達性内反症には品種特異性がある。角膜や結膜に対する刺激は、眼瞼痙攣、眼輪筋収縮の低下を生じ、二次的な後天性の内反症を引き起こすことがある。二次的な内反症の場合、局所麻酔で角膜や結膜の知覚を麻痺させると、眼瞼痙攣が収まって一時的に内反症が消失することがあり、診断に利用できる。また、外傷、外科的処置、慢性炎症によって生じる瘢痕、あるいは眼輪筋の老化による萎縮によっても内反症が生じることがある。

h) 外反症（図3-2-6）

外反症ectropionは、眼瞼縁の全体あるいは一部が外反する疾患で、眼瞼が正常に角膜と接することができず、涙液の分布に異常をきたし、流涙や兎眼lagophthalmosを生じる。結膜に対する直接的な刺激がなくても、周辺組織への刺激によって結膜炎を起こしやすい。後天性の外反は、外傷、瘢痕、慢性炎症あるいは眼輪筋収縮の低下、顔面神経障害などによって、上・下眼瞼の両方にみられる。幼若期に生じる発達性外反症は、下眼瞼に生じ、品種特異性がある。

i) その他

長睫毛症trichomegalyは異常に成長した睫毛であるが、原因は明らかではない。眼瞼縮小blepharophimosisは、眼瞼裂が異常に短くなった疾患で、通常、眼球は正常であるが、小眼症に関連することがある。眼瞼拡大euryblepharonは、眼瞼裂が異常に大きくなったもので、完全に眼を閉じることができないために兎眼を生じることがある。この場合、血管新生や色素沈着を伴った角膜混濁、角膜潰瘍を生じる。睡眠中でも、眼が完全に閉じないこともある。

2) 眼瞼炎

眼瞼炎blepharitisは、全身性の皮膚疾患の一部として生じる場合と、眼瞼に原発して生じる場合の両方がある。眼瞼痙攣、充血、腫脹、漿液性あるいは膿性の分泌物、脱毛、鱗片化、掻痒、流涙や脱色素などが観察される。結膜炎を併発することが多い。原因は様々で、細菌、真菌、寄生虫、免疫性、脂漏、外傷や腫瘍などが考えられる。

a) 麦粒腫と霰粒腫（図3-2-7）

麦粒腫hordeolumは俗に言う「ものもらい」で、マイ

ボーム腺に生じるものを内麦粒腫internal hordeolum、ツァイス腺あるいはモル腺の毛嚢あるいは関連する腺組織に生じるものを外麦粒腫external hordeolumと呼ぶ。黄色ブドウ球菌や表皮ブドウ球菌などの皮膚常在菌の感染に起因する急性化膿性炎症で、発赤や疼痛を生じる。

霰粒腫chalazionは、マイボーム腺の導管閉鎖や腺破断によって生じる慢性肉芽腫性炎症で、眼瞼の局所的な硬結として触知できる。急性でなければ、発赤や疼痛はない。

動物において、実際に内麦粒腫、外麦粒腫、霰粒腫を鑑別することは困難であるが、抗菌薬に反応するかしないかで麦粒腫と霰粒腫を鑑別することができる。

#### b) アレルギー性眼瞼炎

アレルギー性眼瞼炎は、昆虫、ヘビあるいはクモなどによる刺傷や咬傷による細胞毒性、外傷に起因して発症する。

#### c) 内眼角眼瞼炎

内眼角眼瞼炎medial canthal blepharitisは、慢性の潰瘍性皮膚炎で、内眼角周囲の皮膚と眼瞼裂にびらんを生じる。続発性に内反症、流涙を生じることがある。細菌性皮膚炎が関与すると考えられている。

### 3) その他

#### a) 眼瞼下垂

眼瞼下垂ptosisは、通常、上眼瞼の下垂droopingによって生じ、眼瞼を支配する神経の異常が関与している。眼瞼のミューラー筋への交感神経刺激喪失、上眼瞼挙筋への動眼神経刺激喪失、顔面神経麻痺、ホーナー症候群などによって生じる。一方、毒性試験において高用量の薬物を投与されて全体状態が悪化した動物でしばしばみられる半眼half opening eyeは、これらの神経の異常が明らかである場合を除き、眼瞼下垂と明確に区別すべきである。

#### b) 外傷

外傷によって、挫傷、切断、眼瞼組織の喪失を生じる。また、化学的外傷、火傷、放射線なども組織の喪失、瘢痕形成を惹起する。

#### c) 眼瞼の腫瘍

種、品種によって腫瘍の種類は様々であるが、多くは良性である。二次的に角膜に対する刺激や眼瞼機能障害が生じる。イヌでは、マイボーム腺に原発する脂肪腺腫、乳頭腫、脂肪腺癌が認められる。この他、肉腫、線維肉腫、メラノーマ、血管腫やリンパ腫なども発生する。

#### d) 眼瞼の非腫瘍性嚢胞

マイボーム腺、結膜の胚細胞、副涙腺が腫脹するもので、細菌感染を起こす場合もある。マイボーム腺の嚢胞は、霰粒腫や眼瞼の腫瘍と鑑別しなければならない。

#### e) その他

天疱瘡Pemphigus、表皮小疱症epidermolysis bullosa、フォークト・小柳・原田病Vogt-Koyanagi-Harada disease、アレルギー性皮膚炎、接触性皮膚炎で眼瞼が侵されることがある。また脂漏、甲状腺機能低下、角化亢進症などの全身性皮膚疾患が原因となることもある。

## 3.3 結膜と瞬膜の疾患

### 1) 結膜の先天性疾患

結膜無形成conjunctiva agenesisは、眼瞼の無形成と合併して発症する。ウサギの環状結膜過形成circumferential conjunctiva hyperplasiaは、結膜が輪部を超えて角膜を覆う疾患である。角膜と結膜は癒着しておらず刺激性もないが、顕著な場合は視覚に影響する。

### 2) 結膜炎

急性の結膜炎conjuctivitisは、結膜浮腫chemosis、充血、細胞浸潤を伴い、慢性の炎症では結膜上皮の杯細胞が増加することがある。この他、漿液性、膿性、粘液性の眼分泌物、リンパ濾胞の出現、眼瞼痙攣がみられる。

#### a) アレルギー性結膜炎

アレルギー性結膜炎allergic conjunctivitisは、Ⅰ型アレルギー反応として、アトピー性皮膚炎に関連して発症する。急性の結膜浮腫、充血、発赤、漿液性ないし粘液性眼分泌物（炎症細胞や脱落した上皮などが含まれるムチン成分）、リンパ濾胞形成、掻痒などが観察される。

#### b) 過敏性結膜炎

過敏性結膜炎sensitivity conjunctivitisは、局所投与された薬物に対する反応として、眼瞼炎に併発して発症し、角膜炎を併発することもある。薬物投与を中止すると解消する。この他、過敏性結膜炎の原因としては、細菌、毒性植物、塵埃あるいは毒物などが考えられ、増悪因子として乾燥があげられる。

#### c) 乾性角結膜炎

乾性角結膜炎keratoconjunctivitis sicca（KCS）は、ドライアイとして知られ、通常、感染とは関係がない。角膜の項（3.4 7）参照）に詳述する。

#### d) 異物性結膜炎

異物性結膜炎foreign body conjuncitivitisは、植物の一部などの異物が結膜や瞬膜に接触して、局所的な刺激を生じる疾患で、異物が存在する限り症状が継続する。急性浮腫、充血、粘液性ないし膿性の眼分泌物、眼瞼痙攣や角膜潰瘍を生じ、疼痛と不快感を引き起こす。

#### e) 濾胞性結膜炎（図3-3-1）

濾胞性結膜炎follicular conjunctivitisは、リンパ濾

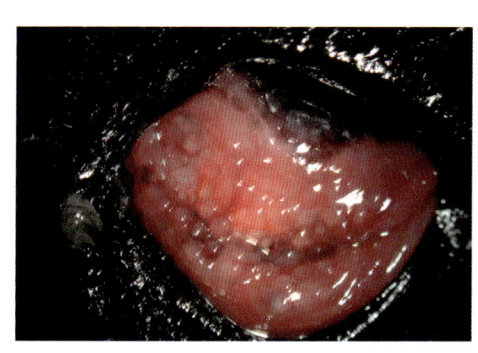

図 3-3-1：濾胞性結膜炎
（ミニチュア・シュナウザー犬7歳齢メス）
（工藤動物病院、工藤荘六博士より恵与）

胞 follicle が多数出現する結膜の炎症である。結膜全体に発症するが、瞬膜の眼球側表面に好発する。アレルギー、刺激、ウイルス感染など、原因は様々である。血管新生、充血、粘液性ないし膿性の分泌物を伴う。軽度に瞬膜を突出させることもある。

#### f) 細菌性結膜炎

イヌでは原発性の細菌性結膜炎はまれで、通常は眼瞼の感染、鼻涙管系の感染、乾性角結膜炎に続発して発症する。粘液性ないし膿性の眼分泌物、結膜浮腫、充血がみられる。開眼する前の新生児では、新生児眼炎を生じ、膿瘍を伴った結膜腫脹が認められることがある。

ウサギのパスツレラ感染症は、施設内で流行することがあり、眼窩膿瘍、結膜炎やぶどう膜炎を生じる。

ネコの原発性感染性結膜炎もまれに認められる。原因菌はサルモネラで、人獣共通感染を引き起こすので、取り扱いに注意しなけばならない。

ヒトの細菌性結膜炎の四大起因菌として、①ブドウ球菌、②インフルエンザ菌、③肺炎球菌、④淋菌があげられる。①ブドウ球菌では、表層角膜炎や眼瞼炎を合併することがあり、高齢者に多い。②インフルエンザ菌では、水分の多いカタル性炎症や眼球結膜の充血がみられる。③肺炎球菌でもカタル性炎症がみられる。インフルエンザ菌と肺炎球菌感染は、学童に多発する。④淋菌感染は産道を介して新生児に生じ、クリーム状の眼脂がみられ、まれに角膜穿孔を引き起こす。

#### g) ウイルス性結膜炎

健康なイヌの結膜からも多くの種類のウイルスが検出されるが、ほとんどは病原性がなく、結膜炎の原因となるのは、むしろ全身性のウイルス感染である。イヌアデノウイルスⅠ型感染（伝染性肝炎）は、結膜浮腫、充血、角膜浮腫及びぶどう膜炎を起こす。イヌアデノウイルスⅡ型感染（感染性気管支炎）は、両側性の結膜充血、分泌物、呼吸症状を示す。ジステンパーでは、全身症状に加えて粘液性ないし膿性の眼分泌物がみられ、慢性化するとドライアイを併発する。また、網脈絡膜炎、視神経炎を引き起こすこともある。

ネコの結膜からも多くの種類のウイルスが検出されるが、結膜のみが侵されるのではなく、呼吸器症状に併発することが多い。ネコのヘルペスウイルス感染症については、角膜の項（3.4 8)参照）で詳述する。カリシウイルスは、ネコに軽度ないし中等度の結膜炎及び口腔粘膜潰瘍を引き起こす。

ヒトでは、8型アデノウイルスに起因する流行性角結膜炎（はやり眼）epidemic keratoconjunctivitis (EKC)と3及び4型アデノウイルスに起因する咽頭結膜炎 pharyngoconjuctival fever (PCF) が多発する。

#### h) その他

真菌性結膜炎は、環境、気候、季節の影響を受けるが、原発性の真菌性結膜炎はまれである。ネコのクラミジア感染では、鼻炎（上部呼吸器疾患）とともに、結膜浮腫、充血、粘液性ないし膿性分泌物、結膜癒着が認められ、慢性化すると結膜が肥厚する。人獣共通感染症であり、感染動物の取り扱いに注意しなければならない。マイコプラズマ感染では、通常、片側性で軽度の結膜充血、漿液性、粘液あるいは膿性の分泌物が認められる。

### 3) その他の後天性結膜疾患

結膜は血管が豊富な組織であり、非穿孔性の頭部の鈍性外傷が結膜下出血及び結膜浮腫を引き起こすことがある。結膜は可動性が高いので結膜自体が断裂することはまれである。仮に断裂しても治癒は速い。

結膜浮腫は、物理的外傷のほか、化学的外傷、過敏症によって生じ、兎眼を引き起こす。結膜の露出は、結膜組織の乾燥さらには壊死を引き起こす。結膜下出血は、外傷、胸部圧迫、拘束及び凝固不全症で生じる。瞼球癒着 symblepharon は、眼瞼結膜と眼球結膜が癒着した状態をいう。

### 4) 瞬膜突出

瞬膜突出の原因は様々で、疼痛、眼窩内容積の減少（脱水、眼窩脂肪の減少、外傷性萎縮、側頭筋萎縮、小眼症、眼球癆など）、ホーナー症候群、外眼筋収縮によって生じる。反対に、眼窩蜂窩織炎、膿瘍、出血、腫瘍などによって眼窩内容積が増加しても、瞬膜が突出することがある。

## 3.4 涙液層・角膜・強膜の疾患

### 1) 涙液成分の産生障害

#### a) 水性成分

涙液の水性成分の産生が減少すると、臨床的には角膜表面の光沢の喪失、眼表面への粘性物質の貯留、角膜への持続的な刺激の発生といった異常が認められる。

シルマーテストを実施して確定診断する。

最も多い原因は、化学的火傷、慢性炎症、慢性感染症などによって瘢痕が形成された結果生じる涙腺の導管閉塞である。また、涙腺の外傷、ウイルス、細菌、真菌感染による腺組織の障害などによって、水性成分そのものの産生量が減少することも原因となる。さらに、外傷、ウイルス感染、中枢神経系異常などによる顔面神経の副交感神経線維の障害も涙液産生を減少させる。脱水やアシドーシスのような全身性代謝疾患も涙液産生に影響する。サルファ剤、フェナゾピリジン、アトロピンやその他の抗コリン薬、トランキライザー、バルビツール系薬物などの薬物、子宮蓄膿症、尿毒症、腫瘍など全身性疾患に関連した毒血症、毒性植物なども涙腺の分泌に影響する。また、ホルモンの関与も知られており、低アンドロゲンはドライアイのリスクファクターである。さらに瞬膜腺は主要な水性成分の分泌源であるので、瞬膜の切除はドライアイを引き起こすことがある。

いずれの原因によっても、水性成分の産生障害が生じると浸透圧が上昇し、高浸透圧となった涙液中では、炎症性メディエーターが活性化して角結膜炎が生じやすくなる。

水性成分の産生過剰は、角膜への刺激に対する反応であることが多く、その原因を除去することで産生量は正常に回復する。流涙epiphoraは、産生過剰も原因となりうるが、実際には排出経路の異常に起因することが多い。

#### b) ムチン成分

ムチン成分の欠乏は、角膜と涙液層の正常な関係を損ない、ドライスポットを生じさせる。慢性の結膜炎あるいは結膜の杯細胞の障害が原因となる。

一方、結膜炎では、ムチン成分の産生過剰を生じることもある。ムチン成分の産生が過剰であるが、他の涙液成分の量が正常な場合、ムチン成分は内眼角あるいはその周囲に多く蓄積する。

#### c) 脂質成分

脂質成分が欠乏すると、水性成分が急速に蒸発し、涙液層が菲薄化して酸素供給能力と眼表面保護作用が低下する。眼瞼炎、眼瞼周囲皮膚の疾患などによってマイボーム腺に障害が及ぶとマイボーム腺からの脂質成分の分泌が減少する。

### 2) 涙液の排出障害

涙液の排出障害は流涙の主たる原因で、粘液性ないし膿性の眼分泌物、内眼角の炎症を伴うことがある。

#### a) 鼻涙管系の形態異常

無孔涙点imperforate lacrimal punctum（涙点無形成punctum aplasia）は、涙点が先天的に欠損する疾患である。小涙点microlacrimal punctumあるいは涙点貫通不全imperforate nasolacrimal punctaは、先天的に涙点が小さい疾患である。涙点位置異常misplaced punctumは、正常とは異なる位置に涙点が開口する疾患である。

いずれも下涙点に異常がある場合、流涙が顕著となる。内眼角の内反症も涙点からの排出を阻害する。この他、内眼角の先天性異常、外傷、腫瘍も、涙液の排出を阻害することがある。

#### b) 鼻涙管系の閉塞

炎症に起因する瞼球癒着、粘液性ないし膿性分泌物、異物、結石、顕著な鼻炎・副鼻腔炎などによる管腔周囲組織の腫脹、外傷、腫瘍などの疾患は、鼻涙管系からの涙液排出に支障をきたすことがある。

### 3) 角膜混濁

角膜混濁は角膜の代表的な疾患で、その原因は様々であるが、発症機序は大別して、結晶沈着、色素沈着、角膜実質の浮腫、細胞浸潤、瘢痕形成に分類される。角膜混濁には、血管新生が生じる場合と生じない場合がある。一般的に、血管新生は、損傷部位を修復するために生じるもので、治癒過程の反応である。治癒が進むと、新生血管は血液成分が消失したゴースト血管になり、さらに血管自体が消失する。

#### a) 結晶沈着

結晶沈着による角膜混濁の場合、混濁の境界は明瞭で、血管新生が生じる場合と生じない場合がある。通常、コレステロールなどの脂質、カルシウムなどのミネラルが沈着する（図4-1-2参照）。遺伝性の場合、両側性に発症するが血管新生はなく進行が遅い。コレステロール沈着は、血管新生を伴う局所の炎症に引き続いて発症することがある。また、高コレステロール血症や高カルシウム状態などの全身性疾患に続発して発症することもある。結晶沈着部位への血管新生は、角膜実質組織へ障害を与え、結果として障害部位の修復過程で二次的な血管新生や脂質沈着を招くことがある。

#### b) 色素沈着

角膜表層の色素沈着は、毛、異物、ドライアイなどによる持続的な刺激が原因となる。刺激の原因を取り除くと、色素は緩徐に消失する。角膜実質への色素沈着は、組織の壊死を伴う不可逆的な変化である。

#### c) 角膜実質浮腫（図3-4-1）

角膜実質の細胞間に組織液が貯留すると、角膜の透明性が低下する。しかし、光を完全に透過しないような混濁ではなく、境界も不明瞭である。また、血管新生もまれである。角膜実質浮腫の原因は、角膜上皮異

常の場合と角膜内皮異常の場合があるが、角膜内皮に起因することが多い。

角膜内皮に原因がある場合、角膜内皮のポンプ機能の低下によって、広範囲の浮腫が生じる。角膜内皮異常の原因には、ウイルス感染、角膜穿孔などの外傷、圧迫などの間接的な外傷、房水の成分変化をきたすぶどう膜炎、老化などがある。角膜内皮細胞が高度に傷害された場合、角膜上皮に水疱が形成されることがあり、これを水疱性角膜症 bullous keratopathy という。多くの動物種で、角膜内皮細胞は加齢とともに減少し、しかも再生し ない(1.5 2)参照)ので、広範な内皮の異常に起因する角膜浮腫の予後は不良である。角膜上皮の異常の場合、涙液から水分が角膜実質へ流入し局所的な浮腫が形成されるが、上皮の治癒に従って迅速に回復する。

### d)細胞浸潤

細胞浸潤は、境界明瞭な混濁として観察される。角膜潰瘍の治癒過程における炎症反応としての白血球浸潤、角膜輪部を超えた腫瘍細胞浸潤、ぶどう膜炎や強膜炎に続発する炎症性細胞浸潤が原因となる。

### e)瘢痕形成

角膜に形成される瘢痕は、角膜実質異常の治癒過程で、組織が不規則な膠原線維に置換されたものである。境界は明瞭で、通常、血管新生を伴う。

## 4)角膜後面沈着物(図3-4-2)

角膜後面沈着物 keratic precipitate(KP)は、炎症性細胞が角膜内皮の表面に円形の灰白色巣を作って沈着するものである。前部ぶどう膜炎に関連して発症し、角膜の下方に好発する。

## 5)角膜の先天性疾患

類皮腫 dermoid は異所性の皮膚組織が出現する疾患で、角膜に発症する場合、輪部近傍に認められることが多い(図3-2-1参照)。眼瞼の動作を阻害し、異所性皮膚組織から発生した毛による接触刺激を生じて、流涙や眼瞼痙攣が認められる。

小角膜症 microcornea は角膜が正常よりも小さい疾患で、品種に特異性があり、小眼症など他の先天性眼疾患に併発する。

## 6)角膜炎

### a)表層角膜炎と角膜潰瘍(潰瘍性角膜炎)(図3-4-3)

表層角膜炎 superficial kelatitis は、角膜の炎症のうち、障害が角膜上皮にとどまるものである。一方、障害による組織の欠損が角膜実質に達した場合には角膜潰瘍 corneal ulcer(潰瘍性角膜炎)と呼び、フルオレセイン染色が陽性となる。

物理的外傷(切傷、擦過傷、鈍傷、破裂、火傷)や化学的外傷(石鹸、昆虫毒、酸、アルカリ)が原因となる。眼瞼の内反症、外反症、異物、自傷、ドライアイなどの反復的な刺激も原因となる。臨床症状としては、眼瞼痙攣、流涙、角膜混濁及び角膜表面の不整が認められる。角膜の神経終末への刺激に対する軸索反射に

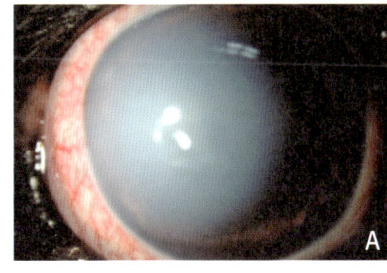

図3-4-1:角膜実質浮腫(ボストン・テリア犬7歳齢メス)
A:直接照明法像、B:スリット像　境界が不明瞭な白色の混濁が特徴である。
(工藤動物病院、工藤荘六博士より恵与)

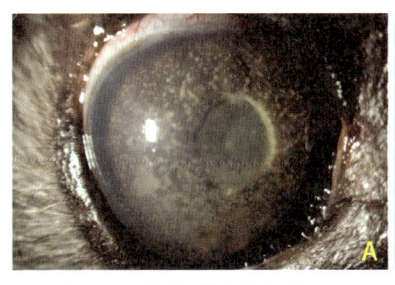

図3-4-2:角膜後面沈着物(ミニチュア・シュナウザー犬7歳齢メス)
A:直接照明法像、B:スリット像
(工藤動物病院、工藤荘六博士より恵与)

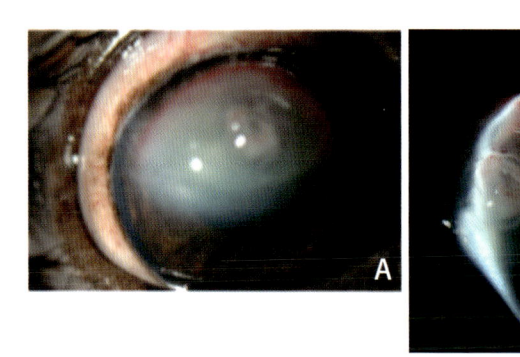

図3-4-3：潰瘍性角膜炎（シーズー犬2歳11ヶ月齢メス）
A：直接照明法像　B：スリット像　フルオレセイン染色写真は図3-3-2を参照。
（工藤動物病院、工藤荘六博士より恵与）

よって、前部ぶどう膜炎を生じることもある。

原因が単一の場合、その原因を除去すれば、通常それ以上悪化せず、合併症を生じなければ、予後は良好である。原因が単純な上皮細胞の障害の場合には、周囲の角膜上皮基底細胞が分裂して遊走し、迅速に損傷部位を修復する。

#### b）無痛性角膜潰瘍

無痛性角膜潰瘍indolent corneal ulcerは、再発性角膜びらんrecurrent corneal erosion、持続性角膜潰瘍persistent corneal ulcer、難治性表層びらんrefractory epithelial erosionなど様々な名称で呼ばれている疾患で、潰瘍の周辺部にびらんを生じ、流涙、眼瞼痙攣、血管新生が認められる。原発性の無痛性角膜潰瘍の多くには、遺伝的要因が関与する。一方、続発性の無痛性角膜潰瘍は、眼瞼、眼窩、涙液層、角膜や眼内の疾患に引き続いて発症する。

#### c）複合的角膜潰瘍

複数の原因が関与する複合的角膜潰瘍complex corneal ulcerでは、深い潰瘍を形成して視覚に影響を与えることもある。臨床的には、眼瞼痙攣、粘液性ないし膿性眼分泌物、角膜実質細胞浸潤、縮瞳、ぶどう膜炎、房水フレアや前房蓄膿が認められる。角膜実質の大部分が喪失すると、デスメ膜が小胞状となって膨出するデスメ瘤Descmetoceleを形成することがある。デスメ膜が露出する部分は、フルオレセインに染色されない。

重度の外傷、感染症、異物や化学物質などが原因となり、細菌由来のタンパク質分解酵素や、マクロファージ、線維芽細胞、好中球由来のコラーゲン分解酵素が角膜を溶解する。コラーゲン分解酵素は、角膜をゼラチン状にし、顕著な角膜肥厚、浮腫を生じる。続発的に前部ぶどう膜炎を引き起こすことがある。

#### d）神経性角膜炎

三叉神経の上顎神経枝の病変は、神経性角膜炎neutropic keratitisを生じ、角膜の知覚喪失や角膜潰瘍を引き起こすことがある。

角膜の知覚の麻痺は、刺激に対する瞬目を喪失させることから、表層角膜炎、角膜潰瘍を生じる。

#### e）慢性表層角膜炎

慢性表層角膜炎は、進行性で視覚を喪失させる恐れがある。無痛性であるが、進行性の血管新生、色素沈着が輪部から角膜の中心に向かって伸展する。血管が角膜表層へ侵入している状態を特にパンヌスpannusと呼ぶ。充血を伴う結膜炎、瞬膜突出を併発し、白色の脂質、コレステロール結晶の沈着が認められる。

治療を行わず慢性化させると、瘢痕が形成され色素が沈着して完全に角膜が混濁する。発症年齢は様々で免疫原性の疾患と考えられている。組織学的には、角膜上皮と角膜実質への色素沈着、形質細胞、リンパ球、組織球の浸潤を認める。

### 7）乾性角結膜炎・ドライアイ

乾性角結膜炎keratoconjunctivitis sicca（KCS）・ドライアイは、イヌによくみられる疾患である。

多くの犬種にみられ、7歳を過ぎると発症率が上昇する。初期像として軽度な結膜炎と粘液性眼分泌物がみられ、その後、眼瞼痙攣、結膜充血、粘液性の強い膿性眼分泌物、瞬膜突出と充血、角膜表面の水分欠乏、角膜の光沢喪失や表層角膜炎を示す。慢性化すると、角膜に血管新生、色素沈着及び瘢痕形成が生じる。角膜表面の浸透圧・pHの変化が疼痛や自傷を惹起し、潤滑成分の喪失が眼瞼を内反傾向にして、さらに角膜の酸素供給不足によって壊死を誘発して角膜潰瘍を引き起こす。シルマーテストの結果が5mm以下の場合にドライアイと診断する。

ドライアイの原因は様々であるが、涙腺及び瞬膜腺に対する自己免疫反応がイヌにおけるドライアイの原因の約80％を占めると言われている。また、サルファ剤、麻酔、アトロピンや非ステロイド系抗炎症剤などの薬物も、しばしばドライアイの原因となる。

眼瞼及び瞬膜の動作障害による涙液の分布異常も、ド

ライアイ発症に関与することが考えられる。眼瞼の異常は、腫瘍、膿瘍、浮腫など眼瞼を腫脹させる疾患、眼瞼の内反症、外反症、眼瞼縁の欠損、眼瞼麻痺や眼球突出などで生じる。瞬膜の異常は、腫瘍、細胞浸潤、外傷、軟骨形成障害及び瞬膜突出などで生じる。

ヒトのドライアイは、様々な要因による涙液及び角結膜上皮の慢性疾患で眼不快感や視機能異常を伴うと定義されており、診断基準にも自覚症状(不快感)が含まれている(島崎ら:2007[3])。自覚症状以外の診断基準には、シルマーテストと涙液層破壊時間による涙液検査、フルオレセイン染色などによる角結膜上皮障害の検査が含まれている。近年、ヒトのドライアイも増加傾向にあり、原因として、涙液成分分泌組織に対する自己免疫反応のほかに、自動車の運転やVDT(Visual display terminal)作業などとの関連が示唆されている。

### 8) ネコヘルペス感染症(図3-4-4)

ネコのヘルペス感染にしばしば認められる特徴的な病変は、樹状潰瘍dendritic ulcerと地図状潰瘍geographic ulcerである。ヘルペスウイルスは、ほとんどの場合、生後すぐに感染し、動物が健康な時には三叉神経節で休止している。身体的あるいは精神的ストレスなどで体力が弱ったときに活性化して軸索を経由して角膜に至る。

乳児期(4週齢以前)では、膿性分泌物と顕著な結膜炎を伴った新生児眼炎ophthalmia neonatorumを生じる。通常、両側性で顕著な角膜潰瘍を生じ、結膜の瞼球癒着を起こすことがある。幼若期では、潰瘍性角膜炎、漿液性分泌物を伴う結膜炎がみられ、片側性の場合もある。成獣では、樹状潰瘍や地図状潰瘍以外に症状がみられないこともある。角膜の疼痛が間歇性あるいは周期性に生じる。

### 9) その他の角膜疾患

#### a) 角膜の外傷

鋭利な穿孔perforation・破断lacerationの場合、内容物の逸脱は少なく、予後は一般的に良好である。鈍傷は、様々な程度の力が加わることで生じるので、予後も様々で不良の場合もある。破裂性の外傷の場合、眼内の損傷が顕著で予後も不良である。

#### b) 角膜の形状の変化

円錐角膜keratoconusは、角膜に漿液が蓄積し、角膜の形状が円錐状になったものである。膿瘍やシストの形成によって、角膜が形状を変えることもある。膿瘍は、結膜炎に引き続いて発症する。

### 10) 強膜の疾患

#### a) 結節性上強膜炎

結節性上強膜炎nodular epuscleritisは、輪部近傍の上強膜に、軽度に隆起した充血性の結節を生じるもの

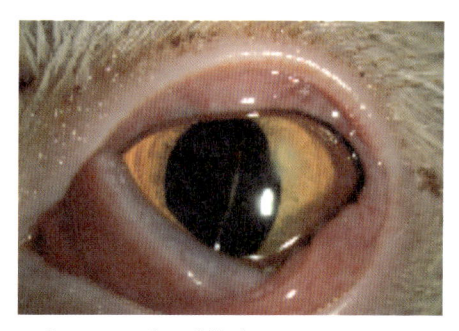

図3-4-4:ネコヘルペス感染症
(スコティッシュフォールド1歳1ヶ月齢オス)
(工藤動物病院、工藤荘六博士より恵与)

で、結節に接する部分の角膜に浮腫や血管新生を伴う。原因は明らかではないが、免疫原性であると考えられている。結節には、リンパ球、形質細胞、マクロファージ、好中球、線維芽細胞が浸潤する。結節性上強膜炎がびまん性に拡大したものは、特にびまん性上強膜炎diffuse episcleritisと呼ばれる。

#### b) 壊死性上強膜炎

壊死性上強膜炎necrotizing episcleritisでは、結膜及び上強膜の充血、結膜浮腫、強膜の肥厚、ぶどう膜腫、外眼筋の強膜からの脱落とそれに伴う斜視が認められ、広範囲のぶどう膜炎、タペタムの変性を伴う。組織学的には、強膜の膠原線維の壊死が観察される。原因は明らかではないが、免疫原性であると考えられている。ヒトでは、慢性関節リウマチや全身性血管炎と関連がある。

#### c) 強膜の断裂

強膜に断裂が生じると、断裂部分から網膜、ぶどう膜、硝子体や水晶体などの眼内組織が眼外へ脱出し、全眼球炎を生じる。一般的に鈍傷の場合の方が断裂の程度が大きい。

## 3.5　ぶどう膜の疾患

### 1) 虹彩の先天性疾患

#### a) 瞳孔膜遺残(図3-5-1)

瞳孔膜遺残persistent pupillary membraneは、発生過程の水晶体血管膜が遺残したもので、遺伝的要因が関与すると考えられている。イヌの瞳孔膜は、出生の2週間前には消退が始まり、生後2〜4週間で消退が完了する。ラットの瞳孔膜は、生後8日から消退が始まり生後14日の開眼までに消退が完了する。遺残した瞳孔膜は、虹彩の捲縮輪部分から起始し、ヒモ状の構造物として観察され、組織学的にはほぼ血管だけで構成されている。角膜、虹彩、水晶体と癒着して、角膜内皮混濁ないしは角膜浮腫、白内障を生じることがある。色素を有する場合は、虹彩固有層の色調に一致す

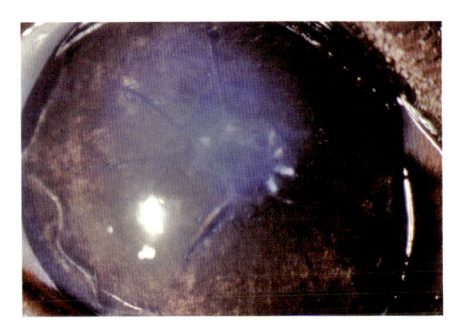

図 3-5-1：瞳孔膜遺残（ボーダー・コリー犬4ヶ月齢オス）
（工藤動物病院、工藤荘六博士より恵与）

る。重症例では隅角異常を生じて、緑内障を併発することがある。

#### b) 虹彩シスト

虹彩シスト iris cyst は、虹彩あるいは毛様体上皮に房水を貯留する嚢を形成するもので、先天性に発生過程の異常の結果で発症する場合と、外傷や慢性ぶどう膜炎に続発して発症する場合がある（Hendrix: 2007[4]）。シストの大きさは様々で、次第に大きくなったり、複数のシストが生じることもある。シストが、虹彩から離れ房水中を浮遊したり、下方の角膜内皮や水晶体前嚢に付着することもある。虹彩癒着や瞳孔膜遺残、腫瘍と鑑別する必要がある。明るい照明光で検査を実施すると、一般的にシストは光を透過し、腫瘍は光を透過しない。

#### c) その他

瞳孔不同 anisocoria は瞳孔の大きさが左右で異なるもので、いずれの眼に異常があるのか、縮瞳・散瞳できるかなどを評価する必要がある。前部ぶどう膜炎、虹彩萎縮、虹彩癒着などの虹彩の疾患、角膜炎、緑内障、網膜剥離、網膜変性など眼内に原因がある場合と、神経系の求心路あるいは遠心路の異常に起因する場合がある。

虹彩コロボーマは、虹彩の内側下方が欠損するもので、他の眼異常と合併することが多い。後天性の虹彩萎縮との鑑別を要する。

多瞳孔 polucoria は複数の瞳孔が開口する疾患、瞳孔変位 corectopia, dyscoria は瞳孔が異常な位置に存在する疾患で、虹彩萎縮やコロボーマとの鑑別が必要である。

虹彩低形成 iris hypoplasia ないし無虹彩症 aniridia は、部分的あるいは全体的な虹彩組織の欠損で、他の眼異常と合併することが多く、緑内障を引き起こすこともある。

虹彩異色症 heterochromia は、全体あるいは一部の虹彩固有層の色素が欠損する疾患である。

### 2) 虹彩・毛様体の後天性疾患

#### a) ぶどう膜炎

ぶどう膜炎 uveitis のうち、虹彩及び毛様体の炎症を特に前部ぶどう膜炎 anterior uveitis と呼ぶ。疼痛、眼瞼痙攣、羞明、流涙、瞬膜突出、結膜・上強膜の充血、角膜浮腫、角膜の血管新生、角膜後面沈着物（KP）、房水フレア、眼房出血、眼房への細胞成分の漏出、縮瞳やぶどう膜及び網膜の浮腫などの症状が認められる。急性のぶどう膜炎は特に疼痛が強いが、慢性の場合は一般的に疼痛は弱い。虹彩血管新生 rubeosis iridis がみられることもある。

ぶどう膜炎は、眼に対する刺激によって、ぶどう膜細胞が傷害されるか、あるいは免疫反応が惹起されたときに生じる。外傷、毒物、感染、寄生虫、腫瘍、自己免疫疾患やワクチン接種などが原因となる。水晶体タンパク質は発生過程初期に生体の免疫系から隔絶されるため、成熟してから漏出すると異種タンパク質として認識される。このため、進行した白内障からの水晶体タンパク質の漏出や、外傷による水晶体嚢の破断が免疫反応を引き起こし、ぶどう膜炎の原因となる。原因不明のぶどう膜炎を特発性ぶどう膜炎 idiopathic uveitis と呼ぶが、免疫抑制作用を有する薬物に効果がみられることから、多くは免疫反応が関与していると考えられている。

ぶどう膜炎の続発症として、虹彩癒着、虹彩の色素沈着、虹彩シストの形成、虹彩萎縮、白内障、水晶体脱臼、牽引性網膜剥離や自傷などが発症することがある。虹彩癒着 synechia は、虹彩が角膜あるいは水晶体に癒着するもので、視覚に対する永続的な障害、白内障や緑内障の原因となる。虹彩が角膜後面に癒着するものを虹彩前癒着 anterior synechia、虹彩が水晶体前嚢に癒着するものを虹彩後癒着 posterior synechia という。水晶体脱臼は、毛様小帯の脆弱化とその断裂に起因する。毛様体突起の障害によって房水産生に異常をきたした場合、眼圧が低下して眼球が陥凹し、顕著な場合には眼球癆に至ることもある。

#### b) 虹彩突出と膨隆虹彩

虹彩突出 iris prolapse は、外傷や角膜・強膜の穿孔によって、虹彩が線維膜の外へ脱出する疾患で、ぶどう膜炎を併発する。

膨隆虹彩 iris bombe は、虹彩後癒着によって房水の交通が断たれ、後房に房水が貯留して虹彩を前方へ圧迫する疾患である。

#### c) 虹彩の変性性変化

原発性の虹彩萎縮 iris atrophy は、瞳孔括約筋 pupilary sphincter と瞳孔散大筋 dilator pupilae muscle が萎縮する疾患である。イヌでは、瞳孔括約筋が傷害された場合、瞳孔縁は不整となり、瞳孔反射は弱まる。瞳孔散大筋が傷害された場合、虹彩固有層が菲薄化し、後

面の色素上皮や水晶体が透見できるようになるか、あるいは虹彩に開口が生じる。コロボーマ、外傷、多瞳孔、瞳孔変位との鑑別を要する。虹彩萎縮が進行すると、瞳孔は散大したまま動かなくなる。続発性の虹彩萎縮は、虹彩炎や緑内障に続発するもので、原発性と類似の所見を示す。

#### d) Vogt-小柳-原田病

Vogt-小柳-原田病は、メラニン細胞に対する自己免疫疾患と考えられ、眼症状としては急性ぶどう膜炎、房水フレア、乳頭浮腫、漿液性網膜剥離、脱色素などが観察され、全身症状としては漿液性髄膜炎、内耳炎、脱毛などがみられる。続発性緑内障の頻度が高く、予後は不良である。

### 3) 房水の異常

房水の産生量と排出量が増加する疾患はなく、一般的に、眼圧の上昇は房水排出量の減少、眼圧の低下は房水産生量の減少に起因する。毛様体突起に炎症が生じると、房水の産生量が減少することがある。

眼房出血 hyphema は、虹彩あるいは毛様体血管の破断を伴う外傷、急激な眼圧低下、急激な血圧上昇による隅角からの逆流、凝固不全、血管病変、腫瘍、胎生期血管の遺残及び網膜剥離などによって生じる。房水中に出現した細胞は、通常、隅角から排出される。出血が停止すれば、数日間で房水中の血球成分は消失する。凝固した血液の排出には時間がかかり、さらに炎症反応を引き起こし、続発性緑内障を生じることもある。

房水フレア flare は、房水中に漏出したタンパク質成分などが、もやのように観察される所見で、細隙灯顕微鏡のスリット光でチンダル現象を利用すると観察しやすい。

### 4) 脈絡膜の異常

脈絡膜の疾患は網膜と密接な関係があり、多くの炎症性の脈絡膜疾患では、同時に網膜も罹患する。炎症を発症した脈絡膜では、色素やタペタムが消失することがある。また、原因に関係なく、脈絡膜出血は眼内出血の原因となる。網膜の項(3.7参照)で詳述する。

## 3.6 水晶体と硝子体の疾患

### 1) 水晶体の先天性疾患

水晶体の先天性疾患は、高頻度に発生するものではなく、その多くは他の先天性眼疾患に併発する。

無水晶体症 aphakia は、水晶体が完全に欠損する疾患で、通常は、重症の小眼症に併発する。小水晶体症 microphakia は、正常より水晶体が小さい疾患で、通常は小眼症に併発するが、単独で発症することもある。伸長した毛様小帯や水晶体赤道部の境界を観察できることがある。しばしば、白内障、緑内障を併発する。また、毛様小帯の発達が不十分で、水晶体脱臼を併発する。円錐白内障 pyramidal cataract は、胎生期に表皮外胚葉から水晶体胞が分離するのが遅延することによって生じ、水晶体の前面が円錐状に隆起する疾患である。角膜に接触することもある。後部円錐水晶体 posterior lenticonus は、水晶体の後嚢が肥厚して円錐状に隆起する疾患で、一次硝子体過形成遺残と関連し、しばしば白内障を併発する。球状水晶体 spherophakia は、水晶体が異常な球状を示す疾患で、小水晶体症を併発する。

水晶体コロボーマでは、水晶体の赤道部に欠損部分がみられ、その部分の毛様小帯は不完全ないし完全に欠損する。

### 2) 白内障

白内障 cataract は、大きさや程度に関わらず、水晶体の透明性が低下して混濁する疾患で、原因、発症部位、発症時期は多様である。その特徴を表すために様々な分類法がある。

原因では、遺伝性、外傷性、代謝性、毒物性、栄養性などに分類される。発症時期では、先天性、発達性、加齢性などに分類される。発症段階では、初期、未熟、成熟、過熟や吸収などに分類される。発症部位では、嚢・嚢下、皮質、核、赤道部や縫合などに分類される(表3-6-1)。

白内障は、遺伝性網膜疾患、小眼症、瞳孔膜遺残、一次硝子体過形成遺残などの遺伝性眼疾患、あるいはぶどう膜炎、緑内障、水晶体脱臼や虹彩後癒着などの疾患に関連して発症することもある。

水晶体混濁には、線維膨化、タンパク質変性、細胞増殖など様々な機序が考えられている(岩田：1986[5])。水晶体線維の含水量が増加して線維が膨化すると、屈折率に変化が生じて水晶体は混濁する。水晶体の含水量は、糖尿病性白内障 diabetic cataract や水晶体上皮のポンプ機

表3-6-1. 白内障の分類

| 分類 | |
|---|---|
| 原因による分類 | 遺伝性白内障 hereditary cataract<br>外傷性白内障 traumatic cataract<br>代謝性白内障 metabolic cataract<br>毒物性白内障 toxic cataract<br>栄養性白内障 nutritional cataract |
| 発症時期による分類 | 先天性白内障 congenital cataract<br>発達性白内障 developing cataract<br>加齢性白内障 senile cataract |
| 発症段階による分類 | 初期白内障 incipient cataract<br>未熟白内障 immature cataract<br>成熟白内障 mature cataract<br>過熟白内障 hypermature cataract<br>吸収白内障 resorbing cataract |
| 発症部位による分類 | 嚢白内障 capsular cataract<br>嚢下白内障 subcapsular cataract<br>皮質白内障 cortical cataract<br>核白内障 nuclear cataract<br>赤道部白内障 equatorial cataract<br>縫合白内障 suture cataract |

能の異常などによって増加する。糖尿病における水晶体混濁機序はポリオール説と呼ばれるもので、ソルビトール経路の活性化としてよく知られている。高グルコース環境では、TCA回路と嫌気的解糖系が飽和して、アルドースリダクターゼによるソルビトール産生が増加する。ソルビトールは水晶体線維に蓄積し、また親水性が高いため、浸透圧性の水晶体線維膨化を引き起こす。初期には赤道部にバブル状の混濁が観察される。高ガラクトース食を与えたラットでは、同様にアルドースリダクターゼが活性化し、ソルビトールの代わりにガラクチオールが水晶体線維に蓄積して水晶体が混濁する。高ガラクトース食ラットは、糖尿病性白内障のモデルとして利用されるが、血中グルコース値は上昇しないので、糖白内障sugar cataractと呼んで区別している。水晶体上皮のポンプ機能の異常では、$Na^+/K^+$ポンプの阻害薬ウワバインによる水晶体混濁がよく知られている。

水晶体タンパク質のSH基は、酸化ストレスに曝されるとS-S結合を作り、水晶体タンパク質自体の高次構造が変化し、タンパク質同士が会合・凝集して高分子化を生じる。水晶体タンパク質の高分子化は、生理的な加齢の過程でも生じるもので、必ずしも水晶体を混濁させる現象ではないが、水晶体の微小環境を変化させている。さらに、カルシウム依存性のタンパク質分解酵素であるカルパインが活性化すると、タンパク質は変性して急速に水晶体は混濁する。

抗悪性腫瘍薬の影響で認められる水晶体上皮細胞の異常な細胞増殖も、細胞配列に影響して水晶体を混濁させると考えられている。

実際の白内障では、これらの機序が単独ではなく、相互に関連しながら、水晶体を混濁させるものと考えられている。例えば、糖尿病性白内障は、ソルビトール経路の活性化のみならず、酸化ストレスの影響も強く受けている。

白内障の治療では、有効な薬物はないので、水晶体の超音波吸引と眼内レンズ挿入を主体とした外科手術が施される。

### a) 原因による分類

イヌの白内障の原因で最も多いのが、遺伝性白内障である。実験動物にみられる自然発生の白内障にも、近交化が進んだことに関連する遺伝性白内障が多く含まれる。遺伝性白内障の発症には、種、品種、系統ごとに特徴がみられる。

外傷性白内障は、水晶体嚢を穿孔する外傷から水分が流入し、局所の水晶体線維が膨化して混濁するものである。外傷によって生じた炎症性変化、出血が水晶体の代謝環境を変化させることも水晶体混濁の原因となる。鈍性外傷においても、水晶体線維や水晶体嚢が破断し、白内障を生じることがある。

代謝性白内障は、代謝性疾患によって水晶体の代謝環境が変化することで生じるものである。代表的なものが高グルコース環境を生じる糖尿病性白内障である。クッシング症候群の動物でも、急速に悪化する白内障が認められるが、ステロイド上昇の影響と考えられている。また、上皮小体機能の低下に関連した白内障も報告されているが、発症機序は明らかではない。

細胞分裂阻害物質、酵素阻害薬、その他の化学物質、電気、マイクロ波、放射線などによって生じる白内障は、併せて毒物性白内障に分類されることがある。また、アルギニン欠乏ミルクを与えられたイヌ幼若仔の白内障などが、栄養性白内障に分類される。

白内障手術時に残存した水晶体上皮細胞が手術後に増殖して混濁を生じることがあり、これを後発白内障secondary cataractと呼ぶ。

実験動物では、キシラジンやケタミンなどの全身麻酔下で、可逆性の水晶体混濁が観察されることがある。原因は明らかではないが、体温低下が関連していると考えられている(Bermudez et al: 2011[6])。

### b) 発症時期による分類

先天性白内障congenital cataractは、胎生期水晶体の血管系(水晶体血管膜、硝子体動脈)の遺残と関連する。遺伝性と非遺伝性の両方の場合がある。

生後、核硬化が起きる前に生じた白内障を発達性白内障developing cataractと呼ぶ。通常、核は正常で、皮質のみに異常がみられる。

原因が明らかでなく、老齢になって発症する白内障を加齢性白内障senile cataractに分類する。加齢性白内障は、核硬化との鑑別を要する。徹照観察で白内障は黒い影として観察され、核硬化は反射光を透過させる。加齢性白内障では、皮質あるいは核の小さな混濁が次第に大きくなって、数年をかけて次第に結合し全白内障total cataractに進行する。

### c) 発症段階による分類

初期白内障incipient cataractは、細隙灯顕微鏡を用いれば混濁を観察することはできるが、視覚に対する障害にはならず、検眼鏡検査で眼底全体が明瞭に観察できる段階の白内障のことをいう。この段階から、さらに悪化する場合もあれば、悪化しない場合もある。

水晶体全体ではないが、大部分が混濁した段階の白内障を未熟白内障immature cataractと呼ぶ。混濁部位によっては視覚に影響することもあるが、眼底は部分的に観察できる。

水晶体全体が混濁し、視覚がなく、眼底を観察できない段階に至った白内障を成熟白内障mature cataract

と呼ぶ。この段階に至ると、水晶体タンパク質の漏出に関連するぶどう膜炎が発症する。白内障性ぶどう膜炎の程度は様々である。

　水晶体の構成成分が液化した段階に至ったものを過熟白内障 hypermature cataract と呼び、さらに水晶体外へ水晶体成分が漏出することで水晶体の縮小が始まったものを吸収白内障 resorbing cataract と呼ぶ。

### 3) 水晶体脱臼

水晶体が、本来、収まっているべき硝子体窩から逸脱している状態を水晶体脱臼 lens luxation という。水晶体を支持する毛様小帯の断裂を伴う。脱臼した水晶体の位置は、前方の場合と後方の場合の両方がある。一部の毛様小帯が断裂し、硝子体窩の中で水晶体の軸が変化している状態を亜脱臼という。

前方脱臼の場合は、浅眼房を呈し、水晶体赤道部が瞳孔の前に、虹彩が水晶体の後方にそれぞれ観察される。角膜に接した水晶体は、しばしば白内障を呈し、角膜にも浮腫が生じる。

後方脱臼の場合は、水晶体がない部分が三日月状に観察される。この状態を無水晶体半月 aphacic crescent と呼ぶ。

水晶体脱臼の原因としては、先天性あるいは遺伝性に毛様小帯が脆弱あるいは無形成である場合、ぶどう膜炎に続発する場合、外傷の場合、緑内障ないし牛眼に続発する場合などが考えられる。

水晶体脱臼は、ぶどう膜炎、網膜剥離、角膜障害、緑内障（隅角あるいは瞳孔の房水流動阻害）を引き起こすことがある。また、脱臼した水晶体は、移動を繰り返すことがある。

なお、先天的な水晶体の位置異常は、脱臼とは区別して、水晶体変位 ectopia lentis という。

### 4) 硝子体の先天性疾患

#### a) 硝子体動脈遺残

硝子体動脈遺残 persistent hyaloids artery は、正常な発達過程でみられるもので、硝子体動脈はイヌで約3週間、ネコで約8週間残存する。ラットでは性成熟後まで観察される。通常は、視神経乳頭と水晶体後極のミッテンドルフ斑を結ぶ結合組織の策状物（クローケ管 Cloquet's canal）が遺残する。血管が開通していて、管腔に血液が残存していることもある。ミッテンドルフ斑の水晶体接着部分に白内障が認められることがある。

#### b) 一次硝子体過形成遺残

一次硝子体過形成遺残 persistent hyperplastic primary vitreous は過形成した、あるいはまれに異形成した胎生期の一次硝子体が遺残する疾患である。過形成した線維性・血管性の組織が水晶体後極に接しており、水晶体嚢の破断、白内障を併発する。水晶体後方の線維性・血管性組織が、白色瞳孔 leukocoria として観察されることがある。必ずしも視覚に影響するものではないが、白内障が悪化すると視覚に影響する。眼球全体の発生に異常があり、しばしば小眼症を併発して患眼における視機能の発達が阻害されることもある。

### 5) 硝子体の後天性疾患

#### a) 硝子体出血

硝子体出血は、一次硝子体過形成遺残に関連して先天性にも起こるが、胸部圧迫に起因するもの、あるいはぶどう膜・網膜からの後天性出血が硝子体に漏出するものが一般的である。また、糖尿病性網膜症などの網膜疾患で生じた新生血管が硝子体に延び、そこから出血することもある。正常な硝子体は無血管であるため、血液成分は永く硝子体内にとどまる。硝子体出血が生じると、炎症反応が生じ、線維芽細胞が硝子体に浸潤することがある。硝子体内の血管新生や線維芽細胞が牽引性網膜剥離の原因となることがある。

#### b) 硝子体炎

硝子体炎 hyaritis は、毛様体あるいは脈絡膜・網膜の炎症に起因する続発性の炎症である。血液－眼関門の破綻に伴う炎症性細胞の浸潤、タンパク質漏出や出血の影響で、硝子体は混濁する。硝子体の炎症は、硝子体変性／硝子体液状化、まれに硝子体閃輝症を引き起こす。しばしば、変性した硝子体線維と炎症性細胞から構成される膜様構造が水晶体後方に観察されることがあり、牽引性網膜剥離の原因となる。

#### c) 硝子体変性／硝子体液状化

硝子体変性あるいは硝子体液状化 vitreous liquefaction, syneresis は、硝子体のコラーゲン線維がゲル状構造を喪失して液状化する疾患で、老化や炎症性反応あるいはその他の原因によって生じる（Boeve et al: 2007[7]）。硝子体のヒアルロン酸は、負の静止電位を持つことで保水性を維持しているが、正に荷電された鉄分子やタンパク質などが出現すると保水能力が低下し、コラーゲン構造と水分が分離して、硝子体の液状化が生じる（根木: 2010[8]）。

臨床的には、動物が頭部を動かすと、頭部と同時に動く小顆粒を伴った透明な液状化した硝子体が観察される。水晶体脱臼、ぶどう膜炎、網膜剥離、緑内障、眼内腫瘍などを引き起こすことがある。

#### d) 星状硝子体症と硝子体閃輝症

星状硝子体症 asteroid hyalosis と硝子体閃輝症 synchysis scintillans は、鑑別が困難な疾患である。星状硝子体症は、硝子体内に多数のリン酸カルシウムの小顆粒が出現する疾患で、多くは片眼性である。星状硝子体症

は、しばしば硝子体液状化や硝子体閃輝症と混同されるが、星状硝子体症の顆粒は、硝子体内でほとんど動かない。星状硝子体症だけが単独に発症した場合には予後は良好で、視覚には影響しない。

硝子体閃輝症は、硝子体出血に続発し、液状化した硝子体内にコレステロール結晶が黄金色に輝いて見える疾患である。

### e）硝子体脱出と硝子体ヘルニア

硝子体脱出 viterous prolapse あるいは硝子体ヘルニア herniation of the vitreous は、変性した硝子体が、前房方向へ脱出する疾患である。白色の渦巻状を呈し、虹彩や角膜に癒着する。水晶体脱臼の前駆症状となることがある。

## 3.7　網膜と視神経の疾患

網膜には様々な疾患があるが、酸化ストレス、虚血ないし低酸素、血管新生、浮腫、炎症など発症の過程に共通する点が多いことが特徴である。これは、網膜の解剖学的・生理学的特徴に関係している。

神経組織である網膜は代謝的に活発な組織で、網膜血管と脈絡膜血管から栄養供給を受けている。正常状態で血流が豊富であるということは、酸素分圧が高いことを意味し、酸化ストレスを受けやすい環境にある。また、光を受容する組織であることから、過剰な光のエネルギーも、やはり酸化ストレスの原因となる。一方、エネルギー消費量が多い組織であるので、循環障害が引き起こす虚血ないし低酸素状態が、障害の引き金になる。（Arjamaa et al: 2006[9]）。

近年、網膜の低酸素状態におけるVEGF（血管内皮細胞成長因子）の役割について研究が進んでいる。低酸素状態に陥るとVEGFによって血管新生が生じるが、新生血管は脆弱で破綻しやすく、障害箇所に浮腫を引き起こす原因となる。

視細胞は再生できないので、傷害された視細胞に連絡する二次ニューロン以降の網膜組織も影響を受けて、網膜は萎縮（菲薄化）し、網膜血管も消失する。萎縮した部分の網膜は、眼底検査で反射亢進像として観察される。

さらに病変を生じた網膜では、血液‐眼関門が破綻し、炎症反応を生じる。急性の炎症は、タペタムでは境界不明瞭な灰色ないし暗褐色の病巣、ノンタペタムでは境界不明瞭な灰色ないし白色の病巣として認められる。慢性化すると、タペタムでは境界明瞭な暗灰色ないし褐色の病巣、ノンタペタムでは白色斑点として観察される。

視神経は網膜神経節細胞の軸索であり、多くの視神経疾患の発症は網膜の障害と密接に関わっている。例えば、網膜が萎縮する疾患では視神経の狭細化がみられる。

### 1）眼底検査所見

#### a）小乳頭

小乳頭は、視神経萎縮 optic nerve atrophy あるいは視神経変性 optic nerve degeneration を生じる疾患で観察される。ミエリンが認められないこともある。

#### b）大乳頭

強膜の先天性欠損で、大乳頭が観察されることがあるが、通常、神経は正常である。

後天性の大乳頭は、通常、視神経の炎症あるいは浮腫を反映した所見である。乳頭の境界は不明瞭で、しばしば乳頭は隆起する。

視神経炎 optic neuritis の発症には、網膜組織の障害が関与することもあるが、球後の神経が侵されることも多く、この場合の乳頭は正常である。毒物、代謝性疾患、免疫反応、外傷などが原因となる。

炎症を伴わない浮腫は、緑内障や腫瘍に起因する神経線維の軸索流の阻害、あるいは脳脊髄液圧の上昇によって生じる。視神経浮腫自体は、視覚に影響するものでなく、瞳孔反射や網膜電図検査の結果も正常であることが多い。

#### c）視神経乳頭の形態異常

視神経乳頭の形態異常は、大きさの異常と同様の理由によって生じるか、あるいはミエリンの形成異常によって生じる。

#### d）視神経乳頭の色調異常

視神経乳頭の色調異常は、血管の状態あるいはミエリンの量に依存する。網膜萎縮などで血管を喪失すると乳頭は淡い色調を呈し、ミエリンを喪失すると灰白色を呈する。腫瘍、出血、黄疸でも色調異常がみられる。

#### e）視神経乳頭の陥凹と隆起

視神経乳頭の陥凹は、先天性の視神経低形成、強膜コロボーマで認められることがある。その他、視神経萎縮（イヌではミエリン欠損を伴う）や慢性緑内障（篩状板の後方移動を伴う）で乳頭が陥凹する。

先天性奇形（硝子体血管系の遺残は神経線維を前方へ牽引する）、腫脹（炎症及び浮腫）、腫瘍及び増殖性疾患では、乳頭の隆起が認められることがある。

#### f）網膜血管

赤血球増多症、血液濃縮や血液の粘性の増加などによって、正常より太い血管が観察される。血管閉塞、貧血、網膜変性や循環低下では、細い血管が観察される。

血管蛇行 tortuosity は、通常、先天性であるが、血流異常（高血圧、シャント形成、粘性増加）で後天性に生じることもある。動脈瘤はまれであるが、血管拡張として認められる。部分的な血管の閉塞は、血管形状の異常を示す。

血管の色調は、血液の色調に依存する。血流異常では色調が暗く、貧血では明るく、脂血症ではピンク色を呈する。

正常な血管壁は、境界が明瞭である。感染症や免疫疾患などで血液漏出、血管炎、細胞浸潤が生じたとき、血管壁の境界は不明瞭となる。凝固不全、血管炎、外傷、高血圧などで眼底出血が認められる。

脈絡膜の出血巣は扁平で網膜血管の視認を遮らない。

網膜中間層の出血は網膜網状層の線維間に血液が貯留するもので、血液の斑点として観察される。

網膜前出血は血液塊が網膜の前に認められるもので、網膜血管の視認を遮る。硝子体の異常が関与し、牽引性の網膜剥離を引き起こすことがある。

### g) タペタム

タペタムの反射亢進 hyperreflectivity は、網膜変性などによる網膜の菲薄化によって生じる。網膜を喪失した場合（網膜剥離）には、タペタムを直接、観察することになるため、光の反射亢進が顕著である。網膜変性の発症には、局所性の場合とびまん性の場合がある。タウリン欠乏症は、最初錐体を侵し、ついで桿体を侵すため、網膜の菲薄化は錐体の多い中心野から発症する。病変部の境界は明瞭である。タペタムに病変が及んだ場合には、タペタムの色調にも変化が認められる。びまん性の網膜変性は、進行性網膜萎縮、網膜剥離、栄養障害、重度な炎症、緑内障、視神経障害、急性非炎症性変性、毒物、光線障害などで生じる。

タペタムの反射低下 hyporeflectivity は、反射光が観察者に届く前に吸収されてしまう状態を反映した所見である。網膜組織の肥厚、組織液の増加、細胞の増加などによって生じる。網膜組織の肥厚は、先天性疾患あるいは剥離部位に近接する網膜ヒダなどによって生じる。組織液と細胞の増加は、浮腫、炎症、出血によって生じる。炎症を伴わない浮腫は、軸索流の阻害を起こす緑内障や腫瘍を除いてまれである。炎症は、網膜あるいは脈絡膜血管からのタンパク質や組織液の漏出を引き起こす。細胞浸潤を伴わない組織液による肥厚は、色調に影響せず反射だけを低下させる。細胞漏出を伴う肥厚では、反射が阻害され、しばしば白色ないし灰白色を呈する。出血もタペタムの反射を阻害し赤色を呈する。活発な炎症では、反射が低下するだけでなく病変領域の境界が不明瞭である。

## 2) 網膜の先天性疾患
### a) 網膜コロボーマ

網膜のコロボーマは、しばしば、脈絡膜・強膜・視神経のコロボーマを併発する。病変が特別大きくない限り、視覚には影響しないが、網膜剥離を誘発しやすい。境界明瞭な蒼白ないし暗色の領域として観察され、周囲と焦点深度が異なる。眼杯裂の閉鎖不全として生じるので、眼底の6時方向に観察される。

### b) 網膜ヒダ／網膜異形成

網膜ヒダ retinal fold は網膜異形成 retinal dysplasia とも呼ばれ、遺伝性、ビタミンA不足、毒物、ウイルス感染、放射線などの影響によって、網膜の発生過程で眼杯の内層と外層に接着異常が生じることが原因と考えられている。ウイルス感染では、アデノウイルスあるいはヘルペスウイルスが関与していると考えられている。眼底では、タペタムあるいはノンタペタムに灰色のラインとして観察される。網膜剥離を併発する顕著な網膜異形成では、網膜が水晶体の後面に密着して白内障を形成し、白色瞳孔として観察されることがある。複数の網膜ヒダが連続したものを、地図状網膜異形成 geographic retinal dysplasia と呼ぶことがある。組織学的にはヒダあるいはロゼットとして観察され、視細胞を中心に未分化な網膜が取り囲んでいる（図4-1-3参照）。網膜剥離を合併すると視覚を喪失するが、異形成だけの場合には生涯にわたって視覚を維持できることも多い。

### c) 視神経低形成／視神経無形成

視神経低形成 optic nerve hypoplasia ないし視神経無形成 optic nerve aplasia は、網膜神経節細胞や神経線維層の分化異常によって、先天的に視神経や視交叉に至る軸索が不足するもので、遺伝性に、あるいはビタミンA不足で発症すると考えられている。視神経乳頭は小さく、暗灰色を呈する。神経線維が顕著に少ない場合には、視覚に影響する可能性がある。

## 3) 網膜の発達異常及び後天性疾患
### a) 進行性網膜萎縮（図3-7-1）

イヌの進行性網膜萎縮 progressive retinal atrophy（PRA）は、視細胞異形成 photoreceptor dysplasia、進行性網膜変性 progressive retinal degeneration など、様々な名称でも呼ばれている常染色体性劣性遺伝性の疾患である。眼底所見としては、進行性の網膜血管の消失、タペタムの反射亢進、ノンタペタム領域における網膜色素上皮の過形成と色素沈着がみられ、網膜電図波形の低減ないし消失、夜盲 nyctalopia が緩徐に進行し、数カ月から数年かかって完全に失明する。桿体変性が錐体変性に先行するため、全盲の前に夜盲が生じる。薬物毒性でも、類似の網膜萎縮を生じることがあるが鑑別は困難である。

常染色体性劣性遺伝性の錐体異形成も報告されている。この場合は8～10週齢から昼盲 hemeralopia が生じるが、夜盲は認められない。

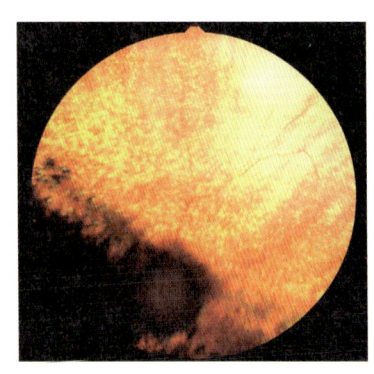

図3-7-1：**進行性網膜変性**（ラブラドール・レトリバー犬4歳5ヶ月齢メス）
網膜血管の顕著な狭細化及びタペタムの反射亢進が認められる。
（工藤動物病院、工藤荘六博士より恵与）

### b) 緑内障

動物の緑内障glaucomaは、高眼圧を呈して網膜及び視神経に障害が生じる疾患である。一方、ヒトの緑内障は、緑内障診療ガイドライン（新家：2012[10]）において「視神経と視野に特徴的変化を有し、通常、眼圧を十分に下降させることにより視神経障害を改善もしくは抑制しうる眼の機能的構造的異常を特徴とする疾患」と定義されている。ヒトでは正常範囲の眼圧でも緑内障症状を呈する患者（正常眼圧緑内障）が多くみられることから、高眼圧が緑内障診断の必須要件ではない。しかしながら、動物、ヒトのいずれにおいても、眼圧が緑内障の病態に大きく関与していることは間違いない。

眼圧には日内変動があるため、1回の眼圧測定で緑内障と診断するのは早計である。動物において緑内障と診断すべき眼圧の基準値あるいは、障害を生じない眼圧値は、現在のところ定まっていないが、イヌの場合、おおよそ20～30 mmHgがひとつの基準になっている。40～60 mmHgの高眼圧状態が持続すると、急速に網膜及び視神経が傷害され失明する。1～2週間、この状態が継続すれば、完全に失明している可能性が高い。眼圧の上昇は、房水排出の減少（隅角、線維柱帯などの排出経路の異常）に起因するもので、房水産生が増加することはない。

眼圧上昇は角膜内皮の機能にも影響し、びまん性の角膜浮腫を生じる。さらに毛様小帯の破断を招き、水晶体脱臼を生じる。慢性の緑内障では、瞳孔括約筋が収縮しなくなり、散瞳したままとなる。さらに症状が進行すると、毛様体が萎縮して房水産生量が減少し、強膜が菲薄化することによって脈絡膜・強膜からの房水排出が増加して、眼圧が正常範囲に戻ることがある。さらに眼圧が低下すると眼球癆に至ることもある。若齢の動物では強膜が十分に発達していないので、成獣よりも眼圧上昇による眼球の拡大が起きやすい。

緑内障の視神経障害には、低酸素ないし虚血、神経興奮毒性、ミトコンドリアの機能異常、タンパク質の構造異常、酸化障害、炎症あるいは軸索流の阻害が関与していると考えられている（Baltmr et.al: 2010[11]）。

高眼圧状態によって、網膜血管や脈絡膜血管の血流阻害が生じると、網膜は低酸素ないし虚血状態に陥る。虚血によって神経細胞死が始まると、グルタミン酸などの興奮性神経伝達物質が放出され、過剰な神経興奮によって神経節細胞の壊死を引き起こす。

虚血や酸化ストレスによってミトコンドリア膜の透過性が亢進し、カルシウムイオンがミトコンドリア内に流入すると、ミトコンドリアの機能異常が生じる。

アルツハイマー病でタンパク質の構造異常を引き起こすことがよく知られているβアミロイドも、近年、緑内障による網膜障害にも関与することが報告されている。

視神経乳頭篩状板に生じる軸索流の阻害は、物理的な絞扼障害と虚血によるATP欠乏が原因となる（中澤：2008[12]）。軸索流障害には、軸索が形態的に変化している場合と、形態は保たれているものの軸索流が低下している場合がある。軸索流障害では、脳からの神経栄養因子（NGF; Nerve growth factorやBDNF; Brain-derived Neutrophic factor）の供給が欠乏し、細胞死の原因になると考えられている。

先天性緑内障では、出生時（あるいは開眼時）から眼が大きく、牛眼、強膜の菲薄化、びまん性の角膜浮腫、角膜潰瘍、角膜発育不全、前部ぶどう膜低形成、小水晶体症、網膜及び視神経変性などが認められる。網膜が正常に発達する前に高眼圧の影響を受けるため、視覚を有することはまれである。

原発性緑内障の原因は、明らかではないが、遺伝性と考えられている。開放隅角緑内障open angle glaucomaは、隅角所見に異常はなく、線維柱帯やシュレム管内皮細胞の変性などによって房水排出に異常が生じて高眼圧となる疾患である。通常、両側性に発症し、片眼に発見された場合、僚眼にも緑内障が発症する恐れがあることを考慮すべきである。

閉塞隅角緑内障angle colosure glaucomaは、虹彩根部の変位によって隅角が閉塞され、房水排出に障害が生じるもので、さらに瞳孔ブロックとプラトー虹彩に分類される。瞳孔ブロックは、虹彩後癒着によって房水の流れが止まり、後房圧が上昇して虹彩根部が角膜後面に接着するものである。プラトー虹彩は、虹彩が根部で折れ曲がり隅角を閉塞しているものである。

急性原発性緑内障では、うっ血のため、眼球が赤くみえる。さらに、疼痛、羞明、眼瞼痙攣、散瞳、流涙、

結膜及び上強膜血管の充血が認められる。

慢性原発性緑内障では、角膜血管新生、角膜浮腫、結膜及び上強膜血管の充血、散瞳、眼球拡張（角膜の伸展によってデスメ膜が断裂しハーブ線条が生じる）、牛眼、水晶体脱臼、硝子体液状化、網膜変性、視神経乳頭陥凹、視覚低下や失明が認められ、最終的には、眼球癆に至ることもある。しかし、急性症状（疼痛、眼瞼痙攣、流涙）を示さないことも多い。

続発性緑内障は、他の眼疾患、全身疾患あるいは薬物使用が原因で眼圧が上昇するものである。

虹彩癒着、ぶどう膜炎、水晶体前方脱臼、水晶体腫大、虹彩及び毛様体腫瘍では、瞳孔を通過する房水の流れが阻害されることで、あるいは線維柱体での房水排出が阻害されることで眼圧が上昇する。虹彩癒着を併発しないぶどう膜炎でも、フィブリン、細胞成分（赤血球、白血球、腫瘍細胞など）によって房水の排出が阻害され、続発性緑内障が引き起こされる。

水晶体前方脱臼に続発する緑内障では、逸脱した硝子体が瞳孔あるいは隅角で房水排出を阻害すると考えられている。なお、緑内障に続発して水晶体脱臼を生じることもあるので、緑内障と水晶体脱臼の両者が存在するときは、そのどちらが原発であるかの鑑別が重要となる。

落屑緑内障 exfoliation glaucoma は、グルコサミノグリカンなどからなる落屑物質が全身臓器（心、肺、肝など）に蓄積する落屑症候群に併発する。落屑物質が眼内に沈着することによって房水排出障害が生じる緑内障で、ヒトの高齢者に多い。

ステロイド緑内障は、高頻度に発症することが知られている（7.2 2)参照）。

血管新生緑内障 neovascular glaucoma は、網膜の虚血性疾患によって新生血管が隅角に増殖して線維柱帯が閉塞した結果、緑内障を生じるもので、糖尿病性網膜症、網膜中心静脈閉塞症や重篤なぶどう膜炎などが原因疾患となる。

### c) 急性後天性網膜変性症候群

急性後天性網膜変性症候群 sudden acquired retinal degeneration syndrome（SARDS）は、近年、成犬に報告されるようになったもので、原因は明らかではない。

瞳孔反射は減少ないし完全に喪失し、その結果、散瞳する。初期には眼底に異常がみられないが、早期に視細胞が機能を喪失するので、急激に網膜電図波形が消失する。その後、タペタムに巣状の反射亢進が見られ、さらに網膜全体が萎縮し、発症から1～2週間で急速に失明に至る。全身症状として、多食、多尿、口渇、血中コレステロールの増加及びALP値の上昇が認められるが、クッシング症候群とは一致しない。組織学的には、視細胞のアポトーシスと変性が認められる。

### d) 網膜剥離

網膜剥離 retinal detachment は、裂孔原性、牽引性、滲出性の機序によって、網膜が網膜色素上皮から剥離する疾患である。網膜剥離が慢性化すると前房出血、緑内障を続発する。

裂孔原性網膜剥離 rhegmatogenous retinal detachment は、外傷、変性、炎症に起因する網膜の穿孔あるいは裂孔から、網膜が剥離するものである。網膜に穿孔が生じると、硝子体の液性成分が網膜と網膜色素上皮の間に流入する。

牽引性網膜剥離 tractional retinal detachment は、硝子体変性によって生じた線維性組織が網膜を牽引して剥離するものである。

滲出性網膜剥離 exudative retinal detachment は、血液－眼関門の破綻に起因して、脈絡膜血管から漏出した滲出液が、網膜と網膜色素上皮の間隙に貯留し網膜が剥離するもので、裂孔を伴わない。

病理組織標本作製時にアーティファクトによって網膜が剥離することがあるが、網膜の変性像、剥離網膜下の沈着物、網膜色素上皮肥厚の有無で鑑別する。

### e) 網膜色素上皮ジストロフィー

網膜色素上皮ジストロフィー retinal pigment epithelial dystrophy は、常染色体優性遺伝性に発症し、ビタミンE欠乏による網膜変性所見と類似することから、ビタミンE代謝の遺伝性異常と考えられている。進行性の網膜変性で、タペタム上に褐色斑がみられ、加齢とともにその数と大きさを増す。進行すると、血管が消失し、網膜は顕著に萎縮する。初期には、網膜電図波形に異常はみられないが、網膜色素上皮の喪失に続発する緩徐な視細胞の変性を反映して、波形は徐々に消失する。続発性の白内障が認められる。

### g) その他

常染色体性劣性遺伝性の多発性網膜剥離が、網膜色素上皮異形成 retinal pigment epithelial dysplasia として報告されている。タペタム及び視神経乳頭周囲に、漿液性の多発性網膜剥離が生じる。網膜色素上皮の電解質輸送異常が発症機序に関与していると考えられている。

高血圧性網膜症 hytertensive retinopathy は、心疾患、腎疾患、甲状腺疾患が原発病変で、ネコに多発し、網膜出血、網膜浮腫、滲出性網膜剥離が認められる。

ビタミンA及びEの欠乏は、まれに網膜変性を引き起こす。タウリン欠乏や炎症による網膜の局所変性は全体的な変性に進行することもある。

様々な全身性感染症に続発して、網膜と脈絡膜に炎症が生じる。最初に脈絡膜に炎症が生じ、網膜に拡大

することが多い。網膜浮腫、細胞浸潤、出血、タペタム反射低下、色素の変化、網膜剥離が観察される。

色素を欠落するアルビノラットでは、過剰な強さの照明光による光網膜変性が知られている（4.1参照）。

加齢黄斑変性age-related macular degeneration（AMD）は、近年、注目されているヒトの網膜疾患で、黄斑部の網膜を強く傷害し、最終的に失明に至る。進行は遅いが黄斑部網膜を萎縮させる萎縮型と、脈絡膜から新生血管が侵入してくる滲出型がある。滲出型は、脆弱な新生血管から血液成分が網膜へ滲出するため障害の進行が速い。加齢黄斑変性の発症には、ドルーゼンの沈着が関与していると考えられている（1.6 4）参照）。カニクイザルにおいて遺伝性の黄斑変性が報告され、ドルーゼン沈着も認められることから加齢黄斑変性のモデルとして期待されている（Suzuki et al: 2003[13], Iwata: 2007[14]）。

糖尿病性網膜症diabetic retinopathyも、ヒトに多い網膜疾患で、新生血管や線維性増殖組織が出現し、最終的に失明に至る。

### 4）視神経の疾患

視神経炎optic neuritisは、肉芽腫性髄膜脳炎granulomatous meningoencephalitis（GME）に関連する免疫性、毒物、外傷性、敗血症などに続発して発症する。急激な視覚喪失、散瞳あるいは瞳孔の無反応、視神経乳頭の浮腫、充血、出血が観察される。周辺の網膜にも異常が認められることがある。網膜電図波形は、正常であることが多い。炎症部位が球後に限定される場合、視神経乳頭は正常な場合もある。

視神経変性optic nerve degenerationは、緑内障や網膜変性に続発して生じ、視神経乳頭は小さく暗色を呈し陥凹している。

### 参考文献

1　友廣雅之，丸山由佳，水野有武．Sprague-Dawley由来の遺伝性白内障ラット．比較眼科研究．1993；12：37-44．

2　Tomohiro M, Maruyama Y, Yazawa K, Shinzawa S, Mizuno A. The UPL rat: a new model for hereditary cataracts with two cataract formation types. Exp Eye Res. 1993; 57: 507-510.

3　島崎潤，坪田一男，木下茂，大橋裕一，下村嘉一，田川義継ら．2006年ドライアイ診断基準．あたらしい眼科．2007；24：181-184．

4　Hendrix DVH. Diseases and Surgery of the Canine Anterior Uvea. In: Gelatt KN, edited. Veterinary Ophthalmology. 4th ed. Iowa: Blackwell Publishing; 2007.

5　岩田修造．水晶体その生化学的機構．メディカル葵出版．東京；1986．

6　Bermudez MA, Vicente AF, Romero MC, Arcos MD, Abalo JM, Gonzalez F. Time course of cold cataract development in anesthetized mice. Curr Eye Res. 2011; 36: 278-284.

7　Boeve MH, Stades FC. Diseases and Surgery of the Canine Vitreous. In: Gelatt KN, edited. Veterinary Ophthalmology. 4th ed. Iowa: Blackwell Publishing; 2007.

8　根木昭．眼のサイエンス．視覚の不思議．文光堂．東京；2010．

9　Arjamaa O, Nikinmaa M. Oxygen-dependent diseases in the retina: role of hypoxia-inducible factors. Exp Eye Res. 2006; 83: 473-483.

10　新家眞．緑内障診療ガイドライン（第3版）．日眼会誌．2012；116：3-46．

11　Baltmr A, Duggan J, Nizari S, Salt TE, Cordeiro MF. Neuroprotection in glaucoma - Is there a future role? Exp Eye Res. 2010; 91: 554-566.

12　中澤徹．緑内障における軸索変性．あたらしい眼科．2008；25：1253-1254．

13　Suzuki MT, Terao K, Yoshikawa Y. Familial early onset macular degeneration in cynomolgus monkeys (Macaca fascicularis). Primates. 2003; 44: 291-294.

14　Iwata T. Complement activation of drusen in primate model (Macaca fascicularis) for age-related macular degeneration. Adv Exp Med Biol. 2007; 598: 251-259.

# 第 4 章
# 実験動物の眼科学的特徴

動物種ごとの食性（草食、肉食、雑食）や行動特性（夜行性、昼行性）に関連して、視覚器にも種差が認められる。種差に関する知識を持たずに、実験動物を用いた研究を行うことは至難である。特にヒトの視覚器との相違点も多いので、眼毒性を適切に評価するために種差の知識は必須である。また、実験動物として用いられる動物種の各系統や品種には、自然発生病変も多く認められることから、それらの程度と頻度を知ることも重要である。

医薬品毒性試験ガイドライン（医薬審第655号：1999）では、反復投与毒性試験で眼科学的検査を実施することが定められている。さらに、反復投与毒性試験では、げっ歯類を用いた試験とウサギ以外の非げっ歯類を用いた試験が求められている。げっ歯類の試験には、背景データや使用経験が豊富なラットを使用することが多い。一方、非げっ歯類の試験には、実験用ビーグルあるいは霊長類が使用される。ヒトへの外挿という観点からは、霊長類に利点が多いが、高価で、かつ供給量が限られている、などの理由から実験用ビーグルが用いられることが多い。生殖発生毒性試験やがん原性試験に眼科学的検査が組み込まれた場合には、ウサギやマウスも用いられる。また、眼毒性が認められた場合などには、毒性発現機序を明らかにする目的で、様々な動物種が用いられる。近年は、ミニブタの使用が増加している。

ラット、マウス、ウサギなどでは、色素を欠落するアルビノ動物の系統を使用することが多い。視覚器のメラニンは、瞳孔以外から光が入射することを防ぎ、さらに眼内の余剰な光エネルギーを吸収して、眼に対する光障害を防いでいる。一方、多くの薬物はメラニン親和性を有しており、眼組織に高い蓄積性を示すものもある。このように、アルビノ動物における視覚器は、有色素動物と異なる特徴を有するが、背景データや使用経験が豊富なためアルビノ動物を使用することが多い。

## 4.1　ラット（図4-1-1）

ラットの眼球は、光線を集めやすいように角膜と水晶体が大きく、夜行性に適した構造を有している。自然発生眼病変の頻度も高いため、試験から除外する場合には除外基準の設定に工夫が必要である。**表4-1-1**にラットにみられる主な自然発生病変を示す。

現在、実験に使用されているラットは、ほとんどが微生物学的によくコントロールされたSPF（Specific Pathogen Free）動物であり、伝染性の感染症はまれである。しかし、微生物学的な管理が不十分な施設では、眼症状を示す唾液腺涙腺炎sialodacryoadenitis（SDA）ウイルス感染が認められることがある。SDAウイルス感染症では、眼瞼痙攣bleospasm、羞明photophobiaが観察され、涙液産生量の減少に関連して角膜炎keratitis、結膜炎conjunctivitisが観察される（Williams: 2007[1]）。

角膜では、微細な結晶状の混濁が非常に頻繁に観察される。これは、角膜ジストロフィーcorneal dystrophyとも呼ばれ、主に眼瞼裂の開口部に認められる（稲垣ら：2001）。この変化は加齢とともに増加し、混濁が顕著な場合には検眼鏡を用いた眼底観察にも支障をきたす。この結晶状の角膜混濁corneal opacityは、病理組織学的には、角膜上皮下への好塩基性物質の沈着として観察され、カルシウムあるいはリンを含むミネラルと考えられている（Shibuya et al: 2001[2]）（図4-1-2）。類似する結晶状の角膜混濁は、Sprague-Dawley系、Wistar系、Fischer 344系で報告されているが、Lewis系やLong-Evans系には発生しないと報告されている（Williams: 2002[3]）。発症機序に環境要因が関わっていることが示唆されているが、

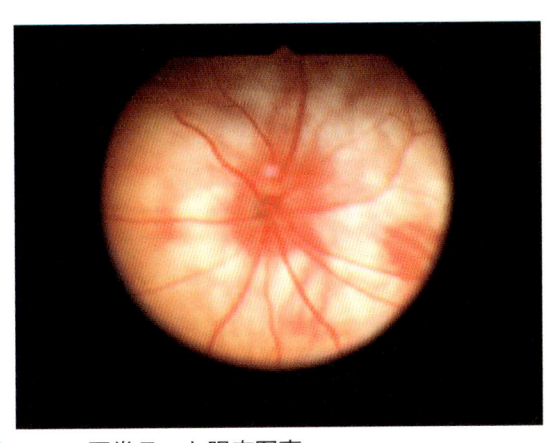

**図4-1-1：正常ラット眼底写真**
Crl:CD(SD)ラット9週齢オス。網膜血管はホランギオティック型の走行を示す。またアルビノ動物であるため、脈絡膜血管も透見できる。
（新日本科学、荒木智陽研究員より恵与）

表4-1-1. ラットに観察される自然発生眼病変(%)

| 所見 | 系統 | (週齢) | 雄 | 雌 | 文献 |
|---|---|---|---|---|---|
| **角膜** | | | | | |
| 混濁 | Crj:CD(SD) | (5) | 50 | 48 | 稲垣ら: 2001[4] |
| | | (54) | 93 | 90 | |
| 角膜結晶沈着 | Crj:CD(SD) | (4-6) | 75.2 | 56.7 | Kuno et al: 1991[5] |
| 角膜瘢痕形成 | | | 2.5 | 0.6 | |
| **虹彩** | | | | | |
| 瞳孔膜遺残 | Crj:CD(SD) | (4-6) | 3.0 | 1.5 | Kuno et al: 1991[5] |
| 虹彩癒着 | | | 3.2 | 1.5 | |
| **水晶体** | | | | | |
| 前嚢混濁 | Crl:CD(SD) | (8-18) | 0.9 | 0.0 | Ban et al: 2008[6] |
| 前極皮質混濁 | | | 9.5 | 6.4 | |
| 核混濁 | | | 24.7 | 21.3 | |
| 後極皮質混濁 | | | 0.5 | 0.0 | |
| 後嚢混濁 | | | 0.4 | 0.0 | |
| 前極混濁 | Crj:CD(SD) | (5) | 1 | 0 | 稲垣ら: 2001[4] |
| | | (54) | 15 | 19 | |
| 核混濁 | | (5) | 6 | 10 | |
| | | (54) | 83 | 97 | |
| 前極白内障 | Crj:CD(SD) | (4-6) | 0.5 | 2.5 | Kuno et al: 1991[5] |
| 核白内障 | | | 8.4 | 13.1 | |
| 後極白内障 | | | 1.2 | 1.2 | |
| 水晶体脱臼 | | | 0.2 | 0 | |
| **硝子体** | | | | | |
| 硝子体動脈遺残 | Crl:CD(SD) | (5) | 23 | 18 | 稲垣ら: 2001[4] |
| 硝子体出血 | Crj:CD(SD) | (4-6) | 5.4 | 2.5 | Kuno et al: 1991[5] |
| **眼底** | | | | | |
| 線状巣状網膜症 | Crl:CD(SD)BR | (7-10) | 2.5 | 3.0 | Hubert et al: 1994[7] |
| コロボーマ | | | 0.4 | 0.8 | |
| 網膜出血 | | | 0.0 | 0.4 | |
| 網膜ヒダ | | | 0.0 | 0.0 | |
| 網脈絡膜症 | Crl:CD(SD) | (5) | 0 | 0 | 稲垣ら: 2001[4] |
| | | (54) | 1 | 5 | |
| 網膜ヒダ | | (5) | 0 | 1 | |
| | | (54) | 0 | 0 | |
| 網膜出血 | Crj:CD(SD) | (4-6) | 0.7 | 1.5 | Kuno et al: 1991[5] |
| 脈絡膜欠損 | | | 0.7 | 1.2 | |
| 網膜ヒダ | | | 0.2 | 1.0 | |
| コロボーマ | | | 1.2 | 1.0 | |

発症頻度に系統差があることから遺伝的要因が関与していると考えられている。この他、動物間の闘争や実験手技に起因するような外傷性の混濁も認められる。さらに、過剰な眼局所麻酔薬の使用によって、角膜潰瘍corneal ulcerに至るような重篤な角膜混濁が生じることもある(Williams: 2002[3])。

水晶体では、加齢性に増加する核白内障nuclear cataractがしばしば認められる。また、縫合先端suture tip、前極皮質anterior cortex、赤道部皮質equatorial cortexなどの局所に水晶体混濁lens opacityが観察されることもある。ぶどう膜炎uveitisに関連した虹彩後癒着posterior synechiaに接する部位の前嚢混濁anteirior capsular opacity、あるいは硝子体動脈遺残persistent hyaloids artery・一次硝子体過形成遺残persistent hyperplastic primary vitreousに接す

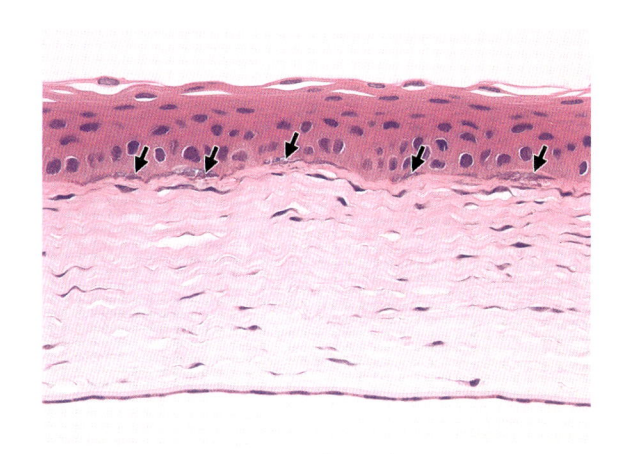

図4-1-2：Sprague-Dawley系ラットの角膜ジストロフィーのHE染色組織写真
角膜上皮下にカルシウム沈着が認められる（矢印）
（ボゾリサーチセンター、花見正幸博士より恵与）

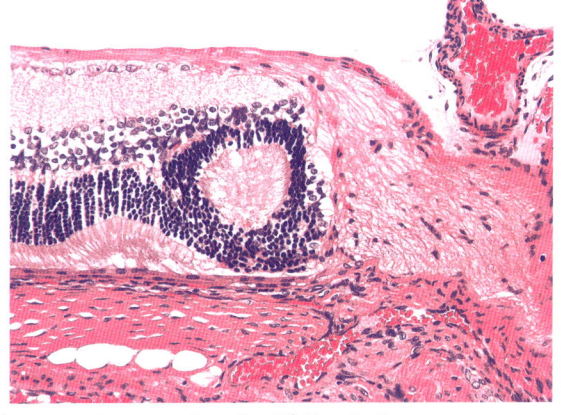

図4-1-3：Sprague-Dawley系ラットの網膜異形成のHE染色組織写真
中央に網膜異形成が観察されるほかに、乳頭上に硝子体動脈遺残がみられる。
（ボゾリサーチセンター、花見正幸博士より恵与）

る部位の後嚢混濁posterior capsular opacityも観察される。以前、筆者らのグループは、白内障を自然発生したCrj:CD(SD)ラットを継代飼育して、ホモで小眼症を伴う先天性白内障（図3-1-1、図3-1-2参照）を、ヘテロで生後に成熟白内障を発症する遺伝性白内障モデルを作出した（友廣ら：1993[8]、Tomohiro et al：1993[9]）。このことから、ラットは、遺伝性白内障を生じる突然変異を起こすことが示された。

また、水晶体脱臼lens luxationも観察される。水晶体脱臼は、ケージから動物を取り出すときに誤って落下させることでも生じる。

硝子体動脈遺残も頻繁に観察される（Williams：2002[3]）。5～6週齢のラットでは、通常、硝子体動脈が遺残しており、その後、成長に伴って消失していく。その過程で、硝子体出血が生じることがあるが、顕著な出血でない限り出血巣は自然に消失する。まれに網膜動脈ループが生じることが報告されている。

ラットの網膜では、帯状網膜症linear retinopathyや網膜ヒダretinal fold／網膜異形成retinal dysplasiaがしばしば観察される（図4-1-3）。

帯状網膜症は、網脈絡膜症chorioretinopathyあるいは網脈絡膜萎縮chorioretinal atrophyなどとも記載されている。これは境界が明瞭で蒼白な帯状の病変で、倒像検眼鏡検査では周辺部よりも陥凹しているのが観察できる（Hubert et al：1994[7]）。組織学的には網膜の外層が消失している。帯状網膜症は後天性に発症し、加齢とともに頻度が増加する。遺伝的要因、環境要因などが関与していると考えられているが、詳細な原因は明らかになっていない。

また、アルビノラットでは、過剰な強さの照明光によって網膜萎縮retinal atrophy（光網膜変性）を生じることが知られている。加齢との関係は明らかではないが、2歳齢における光網膜変性の発症頻度は11%と言われている（Williams：2007[1]）。Institute for Laboratory Animal Researchの実験動物の管理と使用のガイドライン（ILAR：1996[10]）では、ケージ内の照度を40ルックス以下にすることが推奨されている。ケージごとの実際の照度は、飼育室の照明からの距離や遮蔽物の有無によって異なっている。

その他、ラットの自然発生眼病変として、小眼症microphthamia、コロボーマcoloboma、瞳孔膜遺残persistent pupillary membraneなどが報告されている（Williams：2007[1]）。

眼球への刺激、SDAウイルス感染、マイコプラズマ感染などの上部気道の感染症あるいは一般的なストレスが原因となって、ハーダー腺由来のポルフィリンによって眼周囲が赤色に染まる赤涙chromodacryorheaを生じることがある（Williams：2002[3]、Williams：2007[1]）。毒性試験でも、薬物投与で全身状態が悪化したラットにおいて、しばしば赤涙が観察される。

## 4.2　実験用ビーグルと実験用霊長類

医薬品の一般毒性試験では、通常、げっ歯類と非げっ歯類の2種を用いて試験を実施することが求められている（医薬審第655号：1999[11]）。非げっ歯類の試験に用いられる動物種として、最も一般的なのはイヌで、通常は実験用ビーグルが用いられる。実験用霊長類としては、アカゲザル、カニクイザル、リスザル、マーモセットなどが用いられるが、現在ではカニクイザルを使用することが多い。また、コモンマーモセットの使用も増加している。現在では、チンパンジーなど類人猿の使用は国際条約で禁止されている。バイオ医薬品の開発においては、標的分子に種差があるため、毒性評価にもヒトに近いサ

ルが選択されることが多い。近年は、バイオ医薬品の開発が活発になるのに従い、サルの使用も増加している。

イヌやサルの自然発生眼病変の頻度は、ラットのそれよりは低いが、それでも、毒性評価にあたっては背景データの重要性は変わらない。しかし、実験動物としてのイヌやサルは高価で、また動物倫理の問題もあるので、背景データ取得だけを目的とした試験を実施することは困難である。このため、ブリーダーの背景データや文献データを入手するだけでなく、餌などの飼育条件をできるだけ揃えた複数の施設で背景データを共有するなどの努力が必要となる。

### 1）実験用ビーグル（図4-2-1）

実験用ビーグルは、ブリーダーによって遺伝的疾患に相違がみられる。Marshall BioResources社は、自社のビーグルのデータを公開している（Riis: 2010[12]）が、それによると網膜ヒダ（1.6%）、乳頭低形成（2.3%）の頻度が比較的高い。また、正常範囲内の所見として、眼底低色素（1.1%）が記載されているが、これは体毛色と関連がある。

Wilkie（2007[1]）は、よく認められる自然発生眼所見として、瞬膜突出、白内障、網膜ヒダ、乳頭低形成を記載している。

### 2）実験用霊長類（図4-2-2）

原猿類（メガネザルやキツネザルなど）の眼は、角膜面積が広く、タペタムを有する。メガネザルを除いて、黄斑あるいは中心窩を持たない。

一方、真猿類（アカゲザル、カニクイザル、リスザル、マーモセットなど）の眼は、ヒトに最も近くて、角膜が小さく、房水排出経路もヒトに似た構造を有している。すなわち、隅角には、線維柱帯とシュレム管が存在する。毛様体筋が発達しており、調節機能を有している。タペタムを欠き、黄斑と中心窩を有する。黄斑には、視細胞として錐体のみが認められ、血管を欠く。

通常、霊長類の眼科学的検査は、ケタミンなどによる鎮静下で実施する。

外傷性の眼瞼裂傷や角膜瘢痕は、頻繁に認められる所見である（Wilkie: 2007[13]）。

カニクイザルでは、眼底疾患の頻度が6.6%と高く、それには脈絡膜網膜瘢痕、網膜出血、網膜血管炎などが含まれる（Williams: 2007[1]）。一方、鈴木らは、カニクイザルのコロニーを維持して長期にわたる眼科学的検査を実施し、慢性腎性網膜症（鈴木ら：1997[14]）や進行性黄斑変性（鈴木ら：1997[15]）を報告している。慢性腎性網膜症の場合、2歳4ヶ月齢時には正常であったが、3歳2ヶ月齢時に綿花様白斑、3歳7ヶ月齢で眼底出血、3歳8ヶ月齢で硬性白斑と網膜動脈の狭細化が観察されている。本例では、眼底所見が観察される前から血中尿素窒素値が高く、タンパク尿や尿糖、尿沈渣に上皮細胞が認められることから、腎性高血圧症とそれに随伴する慢性腎性網膜症と診断されている。進行性黄斑変性例の場合、10ヶ月齢時には眼底は正常であったが、30ヶ月齢時に黄斑変性を認め、それ以降、悪化した。

老齢のアカゲザルにおいては、ドルーゼンが認められるが、ヒトと異なり黄斑の血管新生はみられない。

アルビノラットで照明に起因する網膜萎縮がみられることを前述したが、カニクイザルでは7000ルックスの照明であっても、照射直後には光干渉断層計像及び電顕像に異常が観察されるが、14日後には正常に回復することが報告されている（Mukai et al: 2012[16]）。

霊長類は結核菌に対する感受性が高く、結核菌感染によるぶどう膜炎や網膜炎が報告されている。

## 4.3　その他

### 1）マウス

ラット同様、マウスの各系統も、自然発生の眼病変が多い。医薬品の安全性評価では、げっ歯類としてはラットが繁用されるため、マウスの使用頻度はあまり高くな

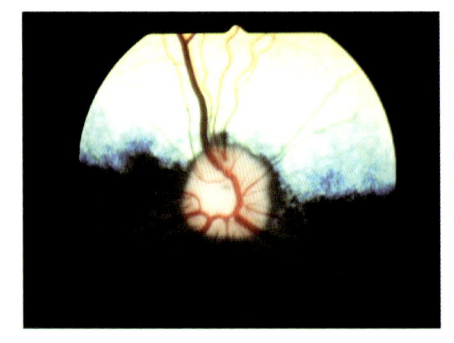

**図4-2-1：正常ビーグル眼底**
1歳齢オス。上半球にタペタムがみられる。網膜血管はホラングオティック型の走行を示す。
（新日本科学、荒木智陽研究員より恵与）

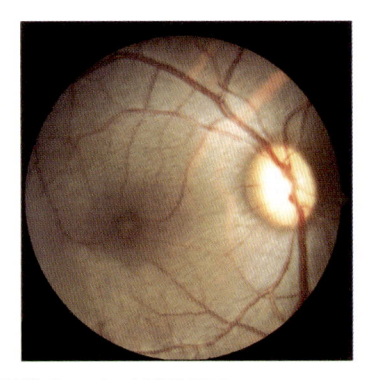

**図4-2-2：正常カニクイザル眼底**
15歳齢オス。網膜血管はホランギオティック型の走行を示す。
（予防衛生協会、鈴木通弘博士より恵与）

表4-3-1. マウスに観察される自然発生眼病変(%)

| 所見 | 系統 | 雄 | 雌 | 文献 |
|---|---|---|---|---|
| 角膜 | | | | |
| 角膜潰瘍 | ICR | 0.4 | | Park et al: 2006[17] |
| 角膜瘢痕形成 | | 0.4 | 9.7 | |
| 角膜瘢痕形成 | BALB/c | 1.2 | | Park et al: 2006[17] |
| 角膜潰瘍 | | 7.3 | 13.5 | |
| ぶどう膜 | | | | |
| ぶどう膜炎 | ICR | | 0.6 | Park et al: 2006[17] |
| 瞳孔不同 | | | 2.1 | |
| 水晶体 | | | | |
| 巣状白内障 | ICR | 0.8 | 4.2 | Park et al: 2006[17] |
| 巣状白内障 | BALB/c | | 5.4 | Park et al: 2006[17] |
| 硝子体 | | | | |
| 硝子体動脈遺残 | ICR | 24.3 | 33.9 | Park et al: 2006[17] |
| 硝子体動脈遺残 | BALB/c | 22.0 | 54.1 | Park et al: 2006[17] |
| 網膜 | | | | |
| 網膜変性 | ICR | 2.9 | 20.0 | Park et al: 2006[17] |

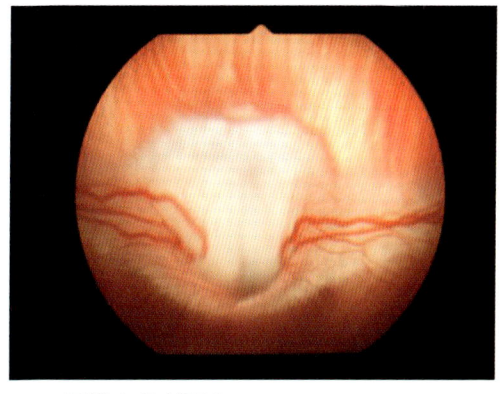

図4-3-1：正常ウサギ眼底

kbl:NZW種22週齢メス。生理的乳頭陥凹が顕著で、水平方向にミエリンに富む髄放線が観察される。網膜血管はメランギオティック型の走行を示す。

(新日本科学、荒木智陽研究員より恵与)

い。しかし、がん原性試験にしばしば使用されることから、その重要性が損なわれている訳ではなく、マウスの自然発生病変についても知っておく必要がある。

近年、Park et al(2006[17])が、繁用される系統であるICR系マウスとBALB/c系マウスの眼における自然発生病変について詳細に報告している。ICR系マウスに認められた網膜変性は、眼底検査では網膜血管のびまん性消失と反射性亢進として観察されている。Park et alは、この試験に使用したICR系マウスを4つのブリーダーから入手しているが、網膜変性の発症はひとつのブリーダーから入手した動物に集中していたことから、遺伝的要因が関与していると考察している。角膜の潰瘍及び瘢痕、ぶどう膜炎は、外傷性あるいは感染性に起因していた。さらに、白内障も認められている。硝子体動脈遺残は、ICR系、BALB/c系ともに頻度は高いが、正常範囲内の変異であるとしている。

マウスにおいても、角膜ジストロフィーなどとも記載される結晶状の角膜混濁が様々な系統に観察される。病理組織学的には、角膜上皮下への塩基性物質の蓄積として認められ、カルシウム沈着と考えられている(Williams: 2007[1])。表4-3-1にマウスにみられる主な自然発生病変を示す。

### 2) ウサギ(図4-3-1)

ウサギは、眼科領域の研究に長年にわたって使い続けられてきた実験動物である。このため、今でも眼科薬の薬理研究などで頻繁に使用されており、さらに眼毒性の確認試験などにもしばしば使われている。

ウサギの視神経乳頭周囲にはミエリンが発達し、生理的な乳頭陥凹が顕著であるが、タペタムはない。ウサギは、鼻涙管へ連絡する涙点をひとつしか持っていないため、他の動物種に比較して涙液の排出障害を生じやすい(Williams: 2007[1])。ウサギの眼球は、生後約10日齢に開眼する。

近年、Jeong et al(2005[18])が、ニュージーランドホワイト種ウサギの自然発生眼病変を詳細に報告している。結膜炎は、ウサギにしばしば認められるパスツレラ感染症と関連していると考えられている。パスツレラ感染症は、ストレス、加齢、飼育環境に関連して発症する。その他、瞳孔膜遺残、白内障、脈絡膜形成不全などが観察されている。表4-3-2にウサギにみられる主な自然発生病変を示す。

### 3) モルモット

モルモットは、極めて大きな涙腺を有し、これが眼窩を占有している。また、瞬膜は痕跡程度に認めるのみである。モルモットの眼球は、出生時にはすでに開眼している。

モルモットの自然発生眼病変として、白内障及び核硬化症が多く認められている(Williams et al: 2010[19])。モルモットは、アスコルビン酸の合成能を欠いているので、飼料から十分な量のアスコルビン酸を摂取できないと、酸化障害による白内障が生じるとされている(Williams: 2007[1])。また、糖尿病性白内障に形態学的特徴が類似しているが、血糖値に異常が認められない空胞状白内障も報告されている(Fujieda et al: 2001[20])。

その他、角膜炎、結膜炎、結膜脂肪沈着などが認められている。角膜炎を呈するモルモットは、シルマーテストの結果が低値を示すことから、涙液の産生不全が角膜炎の原因に関与すると考えられている。表4-3-3にモルモットにみられる主な自然発生病変を示す。

表4-3-2：ウサギに観察される自然発生眼病変(%)

| 所見 | 品種 | 雄 | 雌 | 文献 |
|---|---|---|---|---|
| 眼瞼 | | | | |
| 　眼瞼炎 | ニュージーランドホワイト | 2.5 | 2.6 | Jeong et al: 2005[18] |
| 　涙嚢炎 | | | 0.3 | |
| 　眼瞼切傷 | | | 0.6 | |
| 結膜 | | | | |
| 　結膜炎 | ニュージーランドホワイト | 0.8 | 1.7 | Jeong et al: 2005[18] |
| 角膜 | | | | |
| 　角膜瘢痕形成 | ニュージーランドホワイト | | 0.6 | Jeong et al: 2005[18] |
| 　角膜炎 | | | 1.5 | |
| ぶどう膜 | | | | |
| 　脈絡膜形成不全 | ニュージーランドホワイト | 1.6 | 0.9 | Jeong et al: 2005[18] |
| 　瞳孔膜遺残 | | | 0.3 | |
| 　虹彩後癒着 | | | 0.6 | |
| 　ぶどう膜炎 | | | 0.6 | |
| 水晶体 | | | | |
| 　白内障 | ニュージーランドホワイト | 1.6 | 2.0 | Jeong et al: 2005[18] |

表4-3-3. モルモットに観察される自然発生眼病変(%)

| 所見 | 品種 | (週齢) | 発生頻度 | 文献 |
|---|---|---|---|---|
| 眼球 | | | | |
| 　無眼球症 | | | 0.1 | Williams et al: 2010[19] |
| 　小眼症 | | | 0.8 | |
| 　白色眼分泌物 | | | 0.4 | |
| 　外傷 | | | 2.2 | |
| 　異所性骨形成 | | | 0.8 | |
| 　瞬膜突出 | | | 0.5 | |
| 眼瞼 | | | | |
| 　先天性睫毛乱生 | | | 0.8 | Williams et al: 2010[19] |
| 結膜 | | | | |
| 　結膜炎 | | | 4.7 | Williams et al: 2010[19] |
| 　結膜脂肪沈着 | | | 2.3 | |
| 角膜 | | | | |
| 　乾性角結膜炎 | | | 0.3 | Williams et al: 2010[19] |
| 水晶体 | | | | |
| 　白内障 | | | 17.4 | Williams et al: 2010[19] |
| 　先天性白内障 | | | 3.4 | |
| 　核硬化症 | | | 10.5 | |
| 　核リング形成 | | | 8.1 | |
| 　初期白内障 | | | 5.3 | |
| 　未熟白内障 | | | 5.0 | |
| 　成熟白内障 | | | 3.4 | |
| 　糖尿病性白内障 | | | 2.7 | |
| 　空胞状白内障 | Crj:Hartley | (7-13) | 5.2 | Fujieda et al: 2001[20] |

表4-3-4. ゲッチンゲンミニブタに観察される自然発生眼病変(%)

| 所見 | 6～8週齢 | 2～10ヶ月齢 | 文献 |
|---|---|---|---|
| 虹彩 | | | |
| 　瞳孔膜遺残 | 33.3 | 13.0 | Loget et al: 1998[21] |
| 水晶体 | | | |
| 　後極皮質点状混濁 | 19.4 | 11.7 | Loget et al: 1998[21] |
| 硝子体 | | | |
| 　硝子体動脈遺残 | 83.3 | 70.4 | Loget et al: 1998[21] |
| 眼底 | | | |
| 　豹紋眼底 | 72.2 | 70.4 | Loget et al: 1998[21] |

## 4）ミニブタ

近年、ミニブタも毒性試験の動物種として使用される機会が増えている。ミニブタの眼窩は深く、他の動物種に比べて眼球が眼窩の奥深くに位置している。瞳孔膜遺残、水晶体の後極皮質混濁、硝子体動脈遺残、豹紋眼底などが高頻度に観察されることが報告されている。豹紋眼底を呈した眼底では、網膜色素上皮の色素を欠損しているため、脈絡膜血管を透見することができる。表4-3-4にゲッチンゲンミニブタにみられる主な自然発生病変を示す。

## 参考文献

1. Williams DL. Laboratory Animal Ophthalmology. In : Gelatt KN, edited. Veterinary Ophthalmology. 4th ed. Iowa : Blackwell Publishing ; 2007.
2. Shibuya K, Sugimoto K, Satou K. Spontaneous Ocular Lesions in Aged Crj:CD(SD)IGS Rats. Anim Eye Res. 2001 ; 20: 15-19.
3. Williams DL. Ocular disease in rats: a review. Vet Ophthalmol. 2002 ; 5 : 183-191.
4. 稲垣覚, 久野博司. 1年間飼育期間に観察されたCrj : CD(SD)IGSラットの自然発生眼病変. 比較眼科. 2001 ; 20 : 21-25.
5. Kuno H, Usui T, Eydelloth RS, Wolf ED. Spontaneous ophthalmic lesions in young Sprague-Dawley rats. J Vet Med Sci. 1991 ; 53 : 607-614.
6. Ban Y, Tomohiro M, Inagaki S, Kuno H. Spontanous ocular abnormalities in Crl:CD(SD) rats. Anim Eye Res. 2009 ; 27 : 9-15.
7. Hubert MF, Gillet JP, Durand-Cavagna G. Spontaneous retinal changes in Sprague Dawley rats. Lab Anim Sci. 1994 ; 44 : 561-567.
8. 友廣雅之, 丸山由佳, 水野有武. Hereditary Cataract Rat Derived from the Sprague-Dawley ColonyAnim. Eye Res. 1993 ; 12 : 37-44.
9. Tomohiro M, Maruyama Y, Yazawa K, Shinzawa S, Mizuno A. The UPL Rat, A New Model for Hereditary Cataracts with Two Cataract Formation Types. Exp Eye Res. 1993 ; 57 : 507-510.
10. Institute for Laboratory Animal Research. Guide for the Care and Use of Laboratory Animals. National Academy Press : Washington DC ; 1996.
11. 厚生省医薬審第655号（1999）. 反復投与毒性試験に係るガイドラインの一部改正について. http://www.pmda.go.jp/ich/s/s4a_99_4_5.pdf
12. Riis RC. The Marshall Beagle Ophthalmoscopic Data. Marshall BioResources ; 2010.
13. Wilkie DA. Laboratory Animal Ophthalmology. Anim Eye Res. 2007 ; 26 : 1-10.
14. 鈴木通弘, 小野文子, 長文昭, 吉川泰弘. カニクイザルに観察された慢性腎性網膜症例. Anim Eye Res. 1997 ; 16 : 27-30.
15. 鈴木通弘, 早川むつ子, Nicolas MG, 金井淳, 長文昭, 吉川泰弘. カニクイザルに観察された進行性黄斑部変性例. Anim Eye Res. 1997 ; 16: 111-114.
16. Mukai R, Akiyama H, Tajika Y, Shimoda Y, Yorifuji H, Kishi S. Functional and morphologic consequences of light exposure in primate eyes. Invest Ophthalmol Vis Sci. 2012 ; 53 : 6035-6044.
17. Park SA, Jeong SM, Yi NY, Kim MS, Jeong MB, Suh JG, et al. Study on the Ophthalmic Diseases in ICR Mice and BALB/c Mice. Exp Anim. 2006 ; 55 : 83-90.
18. Jeong MB, Kim NR, Yi NY, Park SA, Kim MS, Park JH, et al. Spontaneous ophthalmic diseases in 586 New Zealand white rabbits. Exp Anim. 2005 ; 54 : 395-403.
19. Williams D, Sullivan A. Ocular disease in the guinea pig (Cavia porcellus): a survey of 1000 animals. Vet Ophthalmol. 2010 ; 13 Suppl（1）: 54-62.
20. Fujieda M, Suzuki S, Hayashi S, Furukawa T. Spontaneous Vacuolar Cataract Observed in Guinea Pig. Anim Eye Res. 2001 ; 20 : 7-10.
21. Loget O, Saint-Macary G. Comparative study of ophthalmological observations in the Yucatan micropig and in the Gottingen minipig. Scand. J. Lab. Anim Sci. 1998 ; 25 Suppl（1）: 173-179.

# 第 5 章
# 投与経路、製剤、薬物動態

　薬物の吸収は、投与経路と製剤の影響を受けている。吸収された薬物は、全身を循環する血液を介して標的組織に到達し、そこで作用を発現する。薬物は異物として認識され、代謝された後に体外へ排出される。

　眼科用医薬品の投与経路としては、標的部位への分布が比較的容易と考えられている点眼、結膜下、硝子体内などの眼局所が選択されることが多い。その一方、視覚が生命維持に極めて重要な機能であるため、眼が機能的・形態的に保護される仕組みがあり、標的部位へ薬物を分布させるためには、薬物の合成や製剤に工夫が必要となる。局所投与された眼科用医薬品は、眼局所での薬効が期待されるものの、全身循環へ入る薬物量は限定的であるので、全身的な副作用のリスクは比較的低い。経口や静脈内から全身投与された薬物も循環血液から眼組織へ分布し、眼に対して薬効を発揮する場合もある一方、毒性作用を生じることもある。

　本章では、薬物が眼組織の標的部位に達するまでの要因として、投与経路、製剤、薬物動態などについて獣医眼科領域に限定せずヒトも含めて注目すべき点を解説する。

## 5.1　投与経路と製剤

### 1）投与経路

　全身への投与経路としては、経口投与、筋肉内投与及び静脈内投与が一般的であるが、経口投与は患者にとっての利便性が高いため、最も多く用いられている。眼疾患に対しても、全身への投与経路が適用されることがある。この場合、血液−眼関門を通過することができる薬物だけが、眼内へ分布して薬効を発揮することができる。

　眼組織への局所投与経路としては、点眼投与、結膜下投与、球後投与、前房内投与、硝子体内投与が用いられている。

　点眼投与は、結膜、角膜、前部ぶどう膜、鼻涙管系などの疾患に適用される。結膜下投与は、輪部に近い結膜下に薬物を注入するもので、点眼投与より高い房水中濃度を達成することができる。球後投与は、球後組織に薬物を注入する。前房内投与は、点眼製剤では急速に薬物が消失してしまう場合に有効である。硝子体内投与は、硝子体、網膜、脈絡膜の感染症や炎症などの疾患に有効である。

　点眼投与の医薬品では、患者自身が投与するのが一般的で、動物用眼科薬も飼い主が点眼投与を行うこととなる。このため、眼科疾患を治療するための薬物では、投与頻度や投与の容易性など、薬物投与の利便性が重要な要素である。

#### a）全身投与

　全身投与時の薬物動態の詳細については、成書を参考にされたい（小澤ら：2009[1]）。経口投与の場合、薬物の大部分は消化管、特に小腸上部から吸収され、門脈から肝臓へ至り最初の代謝を受ける。この最初の代謝を初回通過効果と呼び、これによって薬物の血中濃度は大きな影響を受けるため、その他の投与経路とは薬物動態が大きく異なることが多い。経口投与薬物では、眼で薬効を期待される場合にも、あるいは眼に毒性が発現する場合にも、初回通過効果の影響を考慮しなければならない。

　過去に報告されている重篤な眼毒性の多くが全身投与の薬物で生じていることから、いかなる投与経路であっても、眼毒性のリスクを考慮すべきである。

#### b）点眼投与

　眼局所への薬物投与は、基本的に生体が持っている自然治癒能力を阻害することを理解しておく必要がある。例えば、点眼薬は、一時的ではあっても涙液成分の組成を変化させることから、角膜や結膜など周辺組織へ影響を及ぼしている。炎症などの障害が生じている場合、血液−眼関門が破綻していることがあり、期待以上に薬物の眼内濃度が高まって、思わぬ副作用を生じることがある。

　点眼薬の吸収は、結膜嚢における薬物濃度と角膜あるいは結膜の透過性に依存している。市販のヒト用点眼薬では、25〜50 μL／滴の溶液あるいは懸濁液が滴下されるが、点眼直後に反射性涙液分泌が生じる。結膜嚢に保持できる液量は、25〜30 μLと言われており、それ以上の量を滴下しても過剰な薬物は鼻涙管系へ排

出されるか、眼瞼外へ漏出するだけで、有効性を高める効果は期待できない。したがって、続けて投与する場合には、5分以上の間隔を開ける必要がある。点眼された薬物は急速に鼻涙管系へ排出されるか、角膜や結膜から吸収されて、5分後に眼表面に滞留している薬物は点眼された量の約20%に過ぎない。

点眼薬の有効成分が角膜を透過するためには、脂質と水の両方に対する溶解性を持っていなければならない。親水性が非常に高い薬物や高分子化合物は角膜を透過できないため、これらの薬物にとっては結膜からの吸収経路が重要である。しかし、結膜から吸収された薬物の多くが全身循環へ移行するため、眼内の標的部位に到達する薬物量は多くはないと考えられている。また、結膜から吸収された薬物が眼球の外側を経由して球後組織に分布することも知られている(Ishii et al: 2003[2])。

涙液の分泌・排出の状態は、眼表面における薬物の滞留を変化させるため、薬物の作用に対して影響を与える。また、涙液、房水、硝子体中のタンパク質との結合性も、薬物の作用に影響する。血液－眼関門が破綻する炎症状態では、房水中のタンパク質濃度が上昇して薬物とタンパク質の結合が生じやすい。

乳剤や軟膏は、液剤よりも眼表面での滞留時間が長いので、投与頻度を減少させることができる。しかし、乳剤は安定性が劣り、軟膏は投与がやや困難である。

点眼薬の投与にあたっては、眼の周辺を清潔にしておく必要がある。溶液及び懸濁液の場合、上眼瞼を持ち上げて眼表面に滴下する。微生物などの混入を防ぐため、点眼容器が角膜、結膜、分泌物、皮膚や睫毛に接触することを避ける。軟膏の場合、下眼瞼を引き下げて、軟膏を1～2 cmの帯状にして結膜嚢に入れる。いずれの場合も投与後数分間、下涙点を軽く押さえると鼻涙管系への排出を減少させ、薬物の滞留を延長させることができる。液剤と軟膏の両方を使用する場合は、液剤を先に点眼する。

### c) 結膜下投与

点眼が困難な場合に結膜下投与を選択することがあるが、点眼麻酔が必要となる。また、攻撃的な動物では沈静あるいは全身麻酔が必要な場合もある。結膜下に投与された薬物の動態には不明な点が多いが、吸収経路は、結膜下から毛様体の循環に入り前眼部に達する経路、あるいは結膜下から角膜を介して吸収される経路など、薬物及びその製剤によって様々であると考えられている。結膜下投与されたステロイドが、強膜から吸収されることもある。

結膜下投与を実施するときは、上側の眼球結膜をピンセットでつまみ上げ、結膜下に注射針を刺入し、薬物をゆっくりと注入する。投与可能量は、動物種で異なるが、0.5 mLを超えるべきではない。この投与経路特有の問題点として、投与部位に対する刺激性あるいは肉芽形成、眼内への誤投与などが生じることがあり、その場合は投与を中止すべきである。刺激性が強い薬物では推奨されない。

### d) 硝子体内投与

点眼投与や全身投与では後眼部組織へ到達する薬物量が限定的であることから、後眼部疾患のためには薬物の製剤・投与経路に特別な工夫が必要となる。硝子体内投与は、血液－眼関門によって隔離されている硝子体及び網膜に、薬物を高い濃度で分布させることができる。しかし、無菌的な投与操作が必要であること、また投与に苦痛を伴うことから、頻繁な投与は困難である。また、眼圧上昇を避けるために、事前の房水吸引を考慮する必要がある。さらに、ラットやウサギなどでは、水晶体を損傷する恐れがある。しかし、近年、ヒトにおいてステロイドや抗血管内皮細胞増殖因子(VEGF)薬の硝子体内投与が急速に普及し、重篤な副作用もなく良い成績をあげている(Cunha-Vaz J: 2010[3])。

## 2) 眼科用製剤

眼局所投与では、溶液、懸濁液、油剤、ジェルや軟膏などの製剤が用いられる。

軟膏は、液剤よりも適用部位への滞留時間は長い。点眼剤は、pH及び浸透圧を調整する必要がある。粉末は局所で溶解するまで刺激作用があるため、通常は用いられない。

多くの検査用点眼薬と一部の治療用点眼薬では、単回使用の容器が使用されている。単回使用容器は内容量が少なく(通常、5 mL以下)、製剤中に保存料を含有させる必要がない。

これに対し、ほとんどの点眼薬は複数回の使用を前提としており、内容量は通常、5～15 mLである。容器の先端が睫毛に触れるようなことがあると、内容物に微生物などが混入してしまう。微生物の混入を完全に防ぐことは困難であるので、複数回使用容器の点眼薬では、容器中で微生物が繁殖することを防止するため、製剤中に塩化ベンザルコニウム、クロロブタノール、塩化ポリドロニウム、ソルビン酸などの保存料を含有しているものが多い。

最も一般的な保存料は、塩化ベンザルコニウムである(Kaur et al: 2009[5])。塩化ベンザルコニウムは、グラム陽性菌及び真菌に対しては有効であるが、グラム陰性菌に対する殺菌効果が弱く、グラム陰性菌の汚染を防ぐことは困難である。したがって、保存料が含まれる製剤であっても、汚染の防止に注意を払う必要がある(山田ら: 1998[4])。

塩化ベンザルコニウムは、細菌に壊死あるいはアポ

トーシスを生じさせるが、角膜や結膜に対しても、細菌と同じような作用を生じさせる(Kaur et al: 2009[5])。また、涙液の油層に影響し、涙液層破壊時間を短縮させる。塩化ベンザルコニウム以外の保存料についても、角膜や結膜への影響は避けられず、一般的に保存料として効果が強ければ副作用も強くなる。単剤投与であれば保存料の副作用リスクはそれほど大きくないが、複数の点眼薬を併用するような場合、結果的に保存料の総投与量が増加することが副作用の懸念材料となる。

## 5.2　薬物動態に影響する要因

### 1) 血液－眼関門の影響

血液－眼関門は、血管内皮細胞や網膜色素上皮細胞などの細胞間に存在するタイトジャンクションによって構成され、眼内組織や細胞の機能を維持する役割を有している。角膜、水晶体、硝子体などの無血管の透明組織において、血液－眼関門は、生化学的環境を維持しているだけでなく、これら組織における代謝活動の結果として産生される老廃物を排出する役割も持っている。このように重要な役割を果たしている血液－眼関門が破綻すると、重篤な障害が生じる。

眼内の標的となる部位へ薬物を到達させるためには、薬物の血中動態プロファイル、血漿タンパク質結合、そして血液－眼関門の透過性といった要因を考慮しなければならない(Cunha-Vaz J: 2010[3])。血液－眼関門の透過性を改善するために脂質溶解性を高めると、目的部位以外への分布を増加させるだけでなく、肝臓における初回通過効果の影響を強く受けることがある。

### 2) メラニン親和性の影響

メラニンは、虹彩、脈絡膜及び網膜色素上皮などに分布しており、眼のメラニン含有量は生体の他の部分よりも多い。虹彩のメラニンは、眼内に入射する可視光線及び紫外線を、瞳孔を通過したものだけに限定している。脈絡膜及び網膜色素上皮のメラニンは、眼内に入射した光のエネルギーを吸収し過剰な光の曝露から網膜を守っている。

一方、メラニンは塩基性あるいは脂溶性の化合物と結合しやすいことから、多くの化合物と結合すると考えられている。事実、様々な薬物が可逆的あるいは不可逆的に眼のメラニンと結合するが、メラニンのターンオーバーが長いにも関わらずこれらの化合物の半減期が短いため、多くの場合、メラニンとこれらの化合物の結合は可逆的であると考えられている。また、メラニンと共有結合する化合物はほとんどない。

メラニンに結合する化合物は、①眼内に高濃度に蓄積することで障害を起こしやすくなる、②化合物と結合することでメラニンのフリーラジカルに対する作用が減弱する、③化合物が長い時間をかけて放出されることによって傷害される部位への曝露時間が延長する、などの機序によって、眼毒性を発現する可能性が指摘されている。実際、アトロピンは、虹彩のメラニンに結合してその作用時間を延長させる。

しかし、メラニンに親和性を有する化合物が必ず眼毒性を起こす訳ではない(Leblanc et.al: 1998[6])。また、不可逆的なコリンエステラーゼ阻害剤であるフェンチオン、ニコチンアミドのアンタゴニストである6-アミノニコチンアミドなどにおいて、アルビノ動物における網膜の異常が有色素動物より強く発現することが知られている。また、キノロン系抗菌物質あるいは8-メチオキシソラレンでアルビノ動物にみられる光毒性が、有色素動物では発症しない、あるいは軽度であることが報告されている(Shimoda: 1999[7])。

以上のように、メラニン親和性が高い薬物で薬効・毒性が強く発現する、あるいはその逆というようなことがあるため、薬物の眼毒性は、メラニン親和性に関わらず、化合物ごとに評価することが重要となる。また、反復投与毒性試験で頻用されるアルビノラットと有色素のイヌあるいはサルの試験のいずれかで、眼毒性が認められた場合、その発症機序にメラニンの有無が関与しているのか、あるいはその他の種差によるものなのかを考察することが重要となる。

### 3) トランスポーター

トランスポーターは、生体異物を細胞外から細胞内へ、あるいは細胞内から細胞外へ運搬しており、消化管、肝、腎における薬物の吸収、代謝、排泄に重要な役割を果たしている。眼にもいくつかのトランスポーターが存在することが報告されている(Rawas-Qalaji et al: 2012[8])。薬物の動態に関与するトランスポーターとしては、ペプチドトランスポーターPEPT2、ペプチド／ヒスチジントランスポーターPHT2が網膜色素上皮に、$B^{0,+}$型アミノ酸トランスポーターが網膜色素上皮や角膜上皮に、P-糖タンパク質が結膜上皮、角膜上皮、網膜血管内皮、毛様体筋に存在する。

### 4) 代謝酵素

生体に取り込まれた薬物は、代謝と呼ばれる構造変換を受けて体外へ排出される。経口投与や静脈内投与などによって全身投与された薬物に関しては、一般の全身薬と同様、主に肝臓での代謝を受けると考えられている。一方、眼組織にも様々な代謝酵素が存在するので、点眼薬など眼局所に投与された薬物もそれら酵素の影響を受けている。眼局所投与の場合、投与量が極めて少なく、また、眼内の各組織も非常に微小な環境であるため、薬物代謝に対するこれらの酵素の関与に関する知見は、ま

だ少ない。眼組織へ発現することが報告されている代謝酵素には以下のようなものがある。

　眼組織には、様々な加水分解酵素が存在する。コリンエステラーゼは、虹彩、毛様体、角膜、水晶体上皮、硝子体及び網膜に発現している（Duvvuri et al: 2004[9]）。ケトンリダクターゼ活性の高さは、角膜上皮、虹彩・毛様体、結膜、水晶体の順であった。また、眼組織にはアルデヒドリダクターゼが存在する。

　シトクロムP450（CYP）酵素も、眼組織に存在することが報告されている。マウスでは、角膜上皮、虹彩、毛様体、脈絡膜及び網膜色素上皮にCYP 1A1/1A2の活性が認められている（Zhao: 1995[10]）。ラットでは、水晶体にCYP 1A1、1A2、2B2、2C11、2E1、3A1、角膜にCYP 1A1、2B1、虹彩にCYP 2B1、2E1、毛様体にCYP 2B1、脈絡膜にCYP 2B1が存在している（Nakamura et al: 2005[11]、Nakamura et al: 2007[12]、Sugamo et al: 2009[13]）。ヒトでは、角膜にCYP 1A2、2B6、虹彩・毛様体にCYP 1A2、2B6、2C8、2C9、2C19、3A5、網膜・脈絡膜にCYP 1A2、2B6、2C9、2C19、3A4、3A5のmRNAが発現する（Zhang et al: 2008[14]）。

　さらに、グルタチオンS-転移酵素やアセチル転移酵素が角膜、虹彩・毛様体、水晶体、網膜・脈絡膜に発現することが報告されている。（Duvvuri et al: 2004[9]、Berman: 1991[15]）。

## 参考文献

1　小澤正吾，上野光一．動態・代謝．「新版」トキシコロジー．日本トキシコロジー学会教育委員会編．朝倉書店．東京；2009.

2　Ishii K, Matsuo H, Fukaya Y, Tanaka S, Sakaki H, Waki M, et al. Iganidipine, a new water-soluble Ca2+ antagonist: ocular and periocular penetration after instillation. Invest Ophthalmol Vis Sci. 2003；44：1169-1177.

3　Cunha-Vaz J. Blood-Retinal Barrier. In : Dartt D, edited. Encyclopedia of the Eye. MA : Academic Press/Elsevier; 2010.

4　山田昌和，真島行彦．薬物の副作用 点眼薬の副作用．眼科．1998；40：783-790.

5　Kaur IP, Lal S, Rana C, Kakkar S, Singh H. Ocular preservatives: associated risks and newer options. Cutan Ocul Toxicol. 2009；28：93-103.

6　Leblanc B, Jezequel S, Davies T, Hanton G, Taradach C. Binding of drugs to eye melanin is not predictive of ocular toxicity. Regul Toxicol Pharmacol. 1998；28：124-132.

7　Shimoda K, Kato M. Apoptotic Photoreceptor Cell Death Induced by Quinolone Phototoxicity in Mice. Toxicol Lett. 1999；105：9-15.

8　Rawas-Qalaji M, Williams CA. Advances in ocular drug delivery. Curr Eye Res. 2012；37：345-356.

9　Duvvuri S, Majumdar S, Mitra AK. Role of metabolism in ocular drug delivery. Curr. Drug Metabol. 2004；5：507-515.

10　Zhao C, Shichi H. Immunocytochemical study of cytochrome P450 (1A1/1A2) induction in murine ocular tissues. Exp Eye Res. 1995；60：143-152.

11　Nakamura K, Fujiki T, Tamura HO. Age, gender and region-specific differences in drug metabolising enzymes in rat ocular tissues. Exp Eye Res. 2005 ；81：710-715.

12　Nakamura K, Fujiki T, Tamura HO. Changes in the Gene Expression Patterns of the Cytochrome P450s in Selenite-induced Cataracts in the Rat. J Health Sci. 2007；53：347-350.

13　Sugamo T, Nakamura K, Tamura H. Effects of Cytochrome P450 Inducers on the Gene Expression of Ocular Xenobiotic Metabolizing Enzymes in Rats. J Health Sci. 2009；55：923-929.

14　Zhang T, Xiang CD, Gale D, Carreiro S, Wu EY, Zhang EY. Drug transporter and cytochrome P450 mRNA expression in human ocular barriers: implications for ocular drug disposition. Drug Metabolism Disposition. 2008；36：1300-1307.

15　Berman ER. Biochemistry of the eye. Plenum Press(NY)：1991.

# 第6章
# 眼科用治療薬の作用機序と副作用

　眼に対する薬物の薬理作用の知識は、眼の生理や眼疾患の病態を理解することにつながり、特に疾患の治療において極めて重要である。本章では獣医眼科領域に限定せずヒト用も含めた眼科用治療薬についての概要を紹介する。

## 1) 緑内障治療薬

　ヒトの緑内障は、眼圧を下降させることによって障害を改善、もしくは抑制することができる疾患であると定義されている。(3.7 3)参照)このように、緑内障の発症には眼圧の影響が深く関与していると考えられているため、眼圧下降が主たる薬理学的作用機序とされる治療薬が市販されている。これらの作用機序には、毛様体における房水産生を抑制するもの、あるいは線維柱帯経路やぶどう膜強膜経路などからの房水排出を促進するものがあげられる(図6-1-1)。

　緑内障は、本質的には視神経の変化によって視覚障害が引き起こされる疾患である。今後は神経保護を薬理作用機序とする治療薬の開発が期待されている。

### a) プロスタグランジン関連物質

　プロスタグランジンF2α関連物質は、現在、最もよく使用されている緑内障治療薬で、ぶどう膜強膜経路からの房水排出を促進して、眼圧を強力に下降させる。初期には毛様体筋を弛緩させることで房水排出を増加させ、長期的には毛様体筋の構造を再構築することによって細胞外空間を増大させて房水排出を促進すると言われている(Alm et.al: 2009[1])。

　プロスタグランジンは強い生理活性物質であるが、点眼薬として使用する場合、全身曝露は少なく全身的な副作用は少ない。しかしながらヒトにおいて、局所の副作用として、結膜充血、角膜上皮障害、虹彩色素沈着、眼瞼色素沈着や睫毛増生などが報告されている。

　ラタノプロスト、ウノプロストン、トラボプロスト、タフルプロストやビマトプロストなどの点眼薬が市販されている。

### b) 交感神経遮断薬

　β遮断薬は、セカンドメッセンジャーである環状アデノシン-リン酸(cAMP)レベルを低下させることで、毛様体における房水産生を減少させる。また、単純に毛様体無色素上皮における浸透圧性分泌を阻害するという説、あるいは毛様体の血流を減少させることによって、房水の限外濾過を減少させるという説もある。

　チモロールマレイン酸塩は、もっとも普及したβ遮断薬である。脂溶性が高く、鼻涙管系に排出された後、鼻粘膜から吸収されて全身的な副作用(徐脈、血圧低下、心筋収縮の減少、心伝導の遅延、気管支痙攣)や僚眼の眼圧下降を示すことがある。ヒトにおけるチモロールマレイン酸塩の局所副作用として、表層びまん性角膜炎、眼瞼結膜炎、軽度のドライアイが報告されている。また、投与が長期に及ぶと、β受容体が増加して眼圧下降作用が減弱すると言われている。さらに副交感神経が優位な夜間には効果が低く、交感神経が優位な日中の効果が高い。チモロールマレイン酸塩は、毛様体のβ1とβ2受容体の両方に結合して房水産生を抑制する。これに対し、ベタキソロールはβ1受容体に、より選択的に結合する。

　αβ遮断薬のニプラジノールは、房水産生抑制作用に加えてぶどう膜強膜経路からの房水排出を促進する。副作用はβ遮断薬と大きな違いはない。

　α1遮断薬のブナゾシン塩酸塩は、ぶどう膜

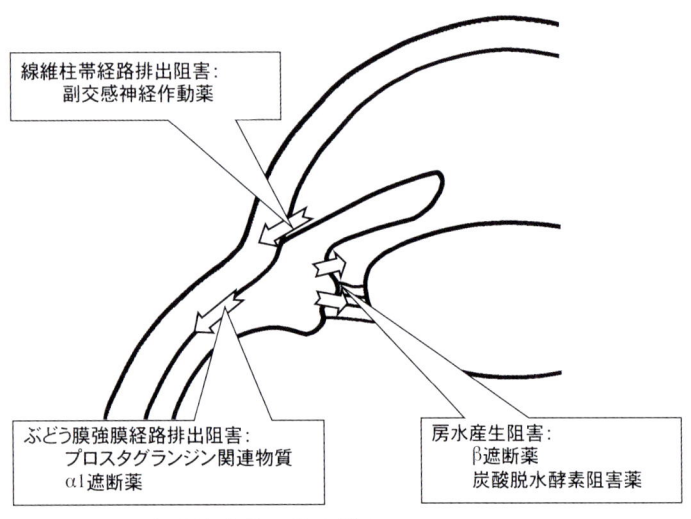

図6-1-1. 緑内障治療薬の作用機序

- 線維柱帯経路排出阻害: 副交感神経作動薬
- ぶどう膜強膜経路排出阻害: プロスタグランジン関連物質 α1遮断薬
- 房水産生阻害: β遮断薬 炭酸脱水酵素阻害薬

強膜経路からの房水排出を促進する。結膜充血が認められることはあるが、副作用は少ない。

### c)炭酸脱水酵素阻害薬

炭酸脱水酵素は、毛様体の色素上皮、無色素上皮のいずれにも存在し、炭酸水素イオンの能動輸送に作用して房水産生に関与している。種差はあるが、少なくともイヌでは炭酸水素イオンが房水産生に関連する主要な陰イオンであり、炭酸脱水酵素阻害薬は、房水産生量を減少させて眼圧下降作用を示す。ドルゾラミド、ブリンゾラミド、アセタゾラミド、エトキシゾラミド、ジクロフェナミド及びメタゾラミドが代表的である。

炭酸脱水酵素阻害薬を全身投与すると、腎臓におけるカリウム排出を増加させ、低ナトリウム血症、代謝的アシドーシスを生じるが、点眼薬の場合は全身曝露が少ないため安全性が高い。

### d)配合剤

緑内障を完治させる薬物はなく、眼圧をコントロールするために生涯にわたって緑内障治療薬の投与を継続しなければならない。しかし、長期間継続投与すると作用が減弱することがある。また、眼圧下降作用が不十分であると視神経障害が進行する。このような理由から、複数の治療薬の併用投与が一般的に行われている。通常は、作用機序の異なる薬物を組み合わせて使用する。結膜嚢に貯留できる薬液量に限界があり、続けて複数の薬物を点眼すると、薬液があふれて出て期待している併用効果が得られない。これを避けるためには5分以上の間隔をあけて投与する必要があるが、緑内障の治療は生涯続くこともあって、患者のアドヒアランス(服薬遵守)を維持することはなかなか困難である。また、点眼薬の多くには塩化ベンザルコニウムなどの保存剤が添加されており、多剤併用の場合には、保存剤による角膜障害のリスクの上昇も無視できない(5.1 2)参照)。

複数の薬物の併用投与を配合剤に切り替えることによって、点眼回数を減少させるとともに、保存剤の総投与量を減少させることができる。このように、緑内障治療薬の配合剤には、患者の利便性と安全性の観点から利点が期待され、プロスタグランジン関連物質とチモロールマレイン酸塩、あるいはチモロールマレイン酸塩と炭酸脱水酵素阻害薬の組み合わせの配合剤が発売されている。

### e)その他

副交感神経作動薬であるピロカルピンは、主に線維柱帯経路の房水排出を亢進させるが、ぶどう膜強膜経路からの排出も増加させる(Alm et.al: 2009[1])。副作用として縮瞳、視力低下、調節障害、近視化、毛様体痛や下痢などがあげられる。

エピネフリンは、α、β両アドレナリン作用を介する非特異的な交感神経作動薬で、点眼投与によってヒト、イヌの眼圧を下降させる。交感神経作動薬の作用機序は、アドレナリンαあるいはβ受容体を介した毛様体における房水分泌抑制と線維柱帯経路からの房水排出促進の両方が考えられているが、明らかになっていないことが多い。交感神経作動薬では、全身的な副作用を生じる恐れがある。

マンニトールは、急性緑内障において緊急的に眼圧を下降させる目的で使用される。15～20%マンニトールを静脈内に投与する。房水排出経路からの排出を増加させるのではなく、房水や硝子体の水分を浸透圧勾配に従って眼内の血管へ移行させることで眼圧を下降させる。投与に際しては、脱水に注意し、心臓への負担や血管の急激な拡張を避けるために慎重に投与しなければならない。尿素も、マンニトールと類似の作用を有するが、効果は低く、栓塞症などの副作用があるのであまり使用されない。グリセリンは、経口投与によって浸透圧性の眼圧下降作用を示すが、マンニトールより効果が低く、高グリセリン血症を引き起こす。

## 2)抗感染症薬

### a)抗菌薬

眼感染症の原因菌の多くは常在菌で、日和見感染症として発症する。ヒトの眼感染症の原因菌は、グラム陽性球菌で黄色ブドウ球菌、表皮ブドウ球菌、腸球菌、肺炎球菌、グラム陽性桿菌でコリネバクテリウム、アクネ菌、グラム陰性球菌で淋菌、グラム陰性桿菌で緑膿菌、インフルエンザ菌、モラクセラ菌などである(表6-1-1)。

ニューキノロン系抗菌薬(フルオロキノロン)は、

表6-1-1. ヒトにおける主な眼感染症の起因菌

|  | グラム陽性菌 | グラム陰性菌 |
|---|---|---|
| 眼瞼炎 | 黄色ブドウ球菌 | モラクセラ菌 |
| 涙嚢炎 | 黄色ブドウ球菌、肺炎球菌、レンサ球菌 | 緑膿菌 |
| 角膜炎 | 黄色ブドウ球菌、コアグラーゼ陰性ブドウ球菌、肺炎球菌、 | 緑膿菌、モラクセラ菌、セラチア菌 |
| 結膜炎 | 黄色ブドウ球菌、コアグラーゼ陰性ブドウ球菌、肺炎球菌、レンサ球菌 | インフルエンザ菌、淋菌 |
| 眼内炎 | 黄色ブドウ球菌、コアグラーゼ陰性ブドウ球菌、腸球菌、レンサ球菌、アクネ菌 | 肺炎桿菌、緑膿菌、腸内細菌 |
| 眼窩蜂窩織炎 | 黄色ブドウ球菌、肺炎球菌 | インフルエンザ菌 |

DNAの二重らせん構造の形成を阻害する。極めて広いスペクトラムを有し、特にグラム陰性菌に有効である。ノルフロキサシン、オフロキサシン、レボフロキサシン、ロメフロキサシン、トスフロキサシン、ガチフロキサシン、モキシフロキサシンなどが用いられている。点眼によるヒト角膜への結晶沈着、イヌ角膜上皮の再生阻害が報告されている。また、ネコへのエンロフロキサシン全身投与による網膜毒性と失明が報告されている。

β-ラクタム系抗菌薬は、β-ラクタム環を有する抗菌薬の総称で、細菌の細胞壁合成を阻害する。ペニシリンはグラム陽性菌、セファロスポリンはグラム陰性菌に有効である。ペニシリンやセファロスポリンによる全身性のアレルギー反応が知られている。

アミノグルコシド系抗菌薬は、細菌の30Sユニットに不可逆的に結合してタンパク質合成を阻害する。ゲンタマイシン、トブラマイシン、ストレプトマイシン、ネオマイシン、カナマイシンやアミカシンなどが用いられている。アミノグルコシド系抗菌薬では、聴覚毒性及び腎毒性が生じることが知られている。

エリスロマイシンは、細菌の50Sユニットに結合してタンパク質合成を阻害する。点眼投与では毒性は低いが、腸管からの吸収では肝機能障害や消化管障害が生じる。

クロラムフェニコール系抗菌薬は、グラム陽性・陰性に関わらず極めて広いスペクトラムを有する。細菌の50Sユニットに結合してタンパク質合成を阻害する。点眼では刺激性を示さないが、結膜下に投与すると刺激性を示す。また、角膜上皮の再生を阻害することが報告されている。ヒトの全身投与で、視神経低形成を生じることが報告されている。

テトラサイクリン系抗菌薬は、細菌の30Sユニットに結合してタンパク質合成を阻害し、広いスペクトラムを有する。全身投与によって、骨や歯に蓄積し、骨の成長不全や歯の色調変化をきたすことがある。結膜下に投与すると顕著な刺激性を示す。

アジスロマイシンは、ネコ、ヒトのクラミジアに有効である。

クリンダマイシンは、細菌の50Sユニットに結合する。トキソプラズマによるウサギ、ヒトの網脈絡膜炎には、結膜下投与が有効であるが、高用量で結膜浮腫や角膜浮腫を生じる。

ポリミキシンBは、細菌の細胞膜を破壊する作用を有し、グラム陰性菌に有効である。細胞膜の透過性が低く、眼表面の感染症への適用は限定的である。

バチトラシンは、細菌の細胞壁合成を阻害し、グラム陽性菌に有効である。点眼投与時の眼内吸収、経口投与時の腸管内吸収は限られており、重篤な腎毒性を惹起する。グラミシジンもバチトラシンに類似した機序とスペクトラムを有するが、溶血性貧血を生じる。

b) 抗真菌薬

アンフォテリシンBなどのポリエン類は、真菌の細胞壁に作用して電解質の透過性を変化させる。結膜下投与では、顕著な刺激性を示す。静脈内投与では、腎毒性を示すことがあるが、深部の真菌感染には有効である。ナタマイシンは毒性が強く、結膜下あるいは眼内投与はできない。

イミダゾールは、点眼あるいは結膜下投与で効果が認められる。全身投与での肝毒性が知られている。トリアゾールは、イミダゾールと類似の機序を有するが、安全性は高い。

c) 抗ウイルス薬

抗ウイルス薬は、ネコのヘルペス感染症にしばしば用いられる。

イドクスウリジンは、ピリミジンに類似した構造を有しており、DNA合成阻害によって抗ウイルス作用を示す。正常細胞のDNA合成にも影響するため、点眼投与によって角膜障害、結膜浮腫、結膜充血が生じる。

トリフルオロチミジンも、ピリミジンに類似した構造を持ち、イドクスウリジンに似た機序を有するが、イドクスウリジンより効果は弱い。

### 3) 涙液補助薬及び涙液分泌促進薬

涙液補助薬と涙液分泌促進薬は、ドライアイの治療に用いられる。

人工涙液は、涙液のムチン成分及び水性成分の代替として用いられている。潤滑剤は、涙液の脂質の代替成分として、また眼瞼を円滑に動作させるために使用されている。メチルセルロース、デキストランなどは、粘性が高い。ヒアルロン酸やコンドロイチン硫酸のような粘弾性物質も涙液の代替成分として使用されている。

さらに、近年は涙液分泌を促進するジクアホソルナトリウムやレバミピドが使用されるようになった（堀: 2011[2]）。ジクアホソルナトリウムは、結膜杯細胞からのムチン分泌と結膜上皮細胞からの水分分泌を促進する。レバミピドは、角膜上皮細胞におけるムチン遺伝子の発現を亢進させるとともに、杯細胞数を増加させる。

ドライアイの治療には、ヘルパーT細胞の抑制物質であるシクロスポリンの眼軟膏も使用されている。シクロスポリンは涙液分泌も亢進させることから、免疫抑制以外の作用機序も示唆されている。一方で、シクロスポリンの局所投与による結膜炎や眼瞼炎などの副作用が報告されている。

### 4）抗アレルギー薬と抗炎症薬

近年、ヒトでは、スギ花粉症を含めた眼アレルギーが非常に増加している。点眼薬では、炎症メディエーター遊離抑制薬のクロモグリク酸ナトリウムやトラニスト、ヒスタミンH1受容体拮抗薬のオロパタジン塩酸塩やケトチフェンフマル酸塩などが用いられている。

ステロイドは、強膜、角膜、結膜、虹彩、脈絡膜や網膜など、眼局所の炎症に有効であるが、続発症として眼圧上昇と白内障のリスクを伴う。点眼薬ではベタメタゾン、デキサメタゾン、フルオメトロンなどが用いられている。

### 5）抗VEGF薬

抗VEGF（血管内皮細胞増殖因子 vascular endothelial growth factor）薬は、ヒトの加齢黄斑変性の治療薬として用いられている。滲出型の加齢黄斑変性の発症には、脈絡膜における病的な血管新生が大きく関与しており、ラニビズマブやペガプタニブは、抗VEGF作用によって加齢黄斑変性に対する治療効果を発揮している（沢：2011[3]）。ラニビズマブは、VEGFに対するヒト化モノクローナル抗体のFab断片で、加齢黄斑変性患者の視力を維持させるだけでなく改善させる。ペガプタニブは核酸医薬品で、VEGFのアイソフォームのうち、病的血管新生に強く関与しているVEGF165に高い選択性を示し、視力低下を抑制する。

さらに病的血管新生は、糖尿病性網膜症など、他の網膜疾患でもしばしば認められることから、これらの疾患に対する抗VEGF薬の適用拡大が期待されている。しかし、抗VEGF薬の投与経路は、いずれも硝子体内投与であり、月1回程度の投与頻度ではあるが、患者と医療機関の双方にとって負担が大きいため、より利便性が高い薬剤の開発が望まれる。なお、加齢黄斑変性の治療においては、iPS細胞由来の網膜色素上皮細胞シート移植の研究が進んでおり、近い将来の臨床応用の実現が期待されている（鎌尾ら：2012[4]）。

### 6）粘弾性物質

粘弾性物質 viscoelastics は、眼内手術時に、組織の分離、術空間の確保、組織の保護を目的に使用される。特に、白内障の超音波吸引術でよく活用されている。粘弾性物質は、粘性、可塑性、弾性、凝集性及び粘着性の5つの要因によって定義されている。粘性は、分子量あるいは濃度に比例し、物質の流動に抵抗するので、高粘性物質は眼内に残留しやすい。可塑性は、粘性に反比例し、術空間の確保に寄与する。弾性は、物質が元の形状に戻ろうとする性質である。凝集性は、物質が集合した状態に留まろうとする性質である。粘着性は、密着性を示す。

以上の5つの要因には粘性と可塑性のように相反する要因も含まれているので、すべてを満足する粘弾性物質はない。頻用されるヒアルロン酸ナトリウムは、粘性、弾性、凝集性が高く、術空間を確保する効果が高い。分散性に優り、角膜内皮細胞に対する高い保護作用を期待して、ヒアルロン酸ナトリウムとコンドロイチン硫酸エステルナトリウムの配合剤も市販されている。

### 7）自律神経系作動薬

#### a）散瞳薬

アトロピン、トロピカミドは、副交感神経を遮断する作用を有する。アトロピンは、毛様体筋の痙攣に対して有効で、虹彩毛様体炎の治療に用いられている。トロピカミドは、短時間のみ効果を示すので、検査薬として使用されている。

アドレナリン（エピネフリン）は、5％溶液の点眼あるいは0.1％程度の低濃度溶液の結膜下投与で散瞳を引き起こす。血管収縮効果があるので、手術時の止血にも用いられる。フェニレフリンは、瞳孔散大筋のαレセプターに作用するだけでなく、神経終末からのノルアドレナリン放出を促進して散瞳をきたす。チラミンは神経終末におけるノルアドレナリン放出を促進し、コカインはノルアドレナリンの神経終末への再結合を抑制してそれぞれ散瞳作用を発揮する。

#### b）縮瞳薬

ピロカルピンは、コリン作動性神経終末を刺激して縮瞳を引き起こす。毛様体筋を刺激して房水流出を促進するため、緑内障の治療にも使用される。ただし、アトロピンによってコリン作動性神経が遮断されているときには、ピロカルピンは効果を示さない。

アセチルコリンは、ごく短時間、瞳孔括約筋の作用を増強して縮瞳を引き起こす。エゼリンは、コリンエステラーゼ活性を阻害することで縮瞳を引き起こす。

### 8）局所麻酔薬

点眼麻酔薬は、知覚の阻害と支配筋の活動停止を目的として使用される。眼圧測定、超音波検査、角膜・結膜の切把などの検査目的、あるいは眼表面の小手術などに用いられる。また、角膜障害に続発する顕著な眼瞼痙攣を抑えて検査を容易にする目的で使用されることもある。

眼科領域でしばしば使用されるプロパラカインは、短時間作用型の局所麻酔薬で刺激性も少ない。

点眼麻酔薬は、涙液分泌の減少と瞬目頻度の減少を生じることから、角膜障害、さらには角膜の損傷治癒を遅延させるので、繰り返し使用すると重篤な角結膜障害を引き起こすことがある。

注射用局所麻酔薬では、動眼神経、滑車神経、三叉神経、外転神経をブロックして眼球及び眼瞼の運動を停止させることを目的として、リドカイン、メピバカインやブピバカインなどが使用される。

**参考文献**

1 Alm A, Nilsson SF. Uveoscleral outflow--a review. Exp Eye Res. 2009 ; 88 : 760-768.
2 堀裕一. ドライアイに対する治療法. 臨眼. 2011 ; 65 : 115-118.
3 沢美喜. 加齢黄斑変性における抗VEGF療法. 臨眼. 2011 ; 65 : 294-298.
4 鎌尾浩行, 高橋政代. 細胞移植による網膜再生医療. あたらしい眼科. 2012 ; 29臨増 : 209-213.

# 第7章
# 医薬品及びその他の化合物による眼毒性

## 7.1 眼毒性のリスク評価

　眼毒性のリスク評価の考え方は、生体の他の臓器・器官に対する毒性評価と基本的に違いはないが、視覚に対する影響には特殊な面が存在する。

　生体が外部情報を得る、いわゆる五感と呼ばれる感覚には、視覚、聴覚、嗅覚、味覚及び触覚が含まれる。このうち、特に文字を発明し、それによって文化的な生活を送るようになったヒトは、視覚から非常に多くの情報を得ている。視覚を喪失すると、QOLは大きく低下する。致死的な作用を示すことを一般的に「life-threatening」というが、これに対して視覚を喪失するような作用は「sight-threatening」と呼ばれる。視覚を喪失するような眼毒性を引き起こす薬物は、致死的な作用を持つ医薬品に匹敵するリスクを抱えていると考えなければならない。また、生活の質を示す「Quality of Life (QOL)」に対応し、「Quality of Vision (QOV)」という用語で視覚機能の質を考察することができる。視覚喪失まで至らなくても、正常生活に影響がある眼毒性はQOVが不良であると考えなければならない。動物実験からQOVに対する影響を検出することは容易ではないが、神経系に関する所見から考察できる可能性もあり、慎重な検査が必要である。

### 1) 眼毒性リスク評価の方法

　医薬品の開発は、大きく①探索フェーズ、②前臨床フェーズ、③臨床試験フェーズに分類することができる。一般的に①探索フェーズではスクリーニング毒性試験、②前臨床フェーズではGLP適合の短期反復投与毒性試験、③臨床試験フェーズではGLP適合の長期反復投与毒性試験が実施される。ICH（日米EU医薬品規制調和国際会議）M3(R2)「医薬品の臨床試験及び製造販売承認のための非臨床安全性試験の実施についてのガイダンス」（薬食審査発4号：2010[1]）には、その一般原則に、臨床試験を安全に遂行するための情報を明らかにすることが、非臨床安全性評価の目的のひとつであることが明記されている。すなわち、①探索フェーズと②前臨床フェーズの非臨床試験の目的は、臨床試験開始の是非を判断する情報と、安全に臨床試験を遂行するための情報を提供することにある。③臨床試験フェーズ中に実施される非臨床試験の目的は、併行して実施されている臨床試験に情報を提供するとともに、市販後の安全性を確保するための情報を充実させることにある。

　①探索フェーズでも、動物を使った眼毒性評価は可能であるが、このフェーズで実施される動物試験は動物数も限られることから、眼検査を実施しても、精度が高い結果を得ることは困難である。最近、*in silico*の眼毒性予測ツールが報告されている(Somps et al: 2009[2])。この方法は、データベースが充実すれば予測性は向上すると考えられており期待が寄せられている。しかし、データベースにない新規の毒性を予測することは困難であり、リスク評価というよりは、数多い候補品の優先順位を判断することが主目的となる。

　一般的に眼毒性評価は、②前臨床フェーズと③臨床試験フェーズ中に実施される反復投与毒性試験のなかで実施される。実際、ICH S4「反復投与毒性試験のガイドライン」（医薬審第655号：1999[3]）に眼検査についての記載がある。しかし、眼毒性のリスク評価は、眼検査だけではなく、一般症状観察や病理検査の結果も含めて考察されなければならない。

　これらの試験で眼毒性が認められた場合、臨床でのモニター方法の検討などを目的とした追加試験の実施が考慮される必要がある。

　ICH M3(R2)やS4ガイドライン上では、反復投与毒性試験以外の試験での眼毒性評価について積極的な記載はない。しかし、例えば中枢神経系に関する安全性薬理試験、生殖発生毒性試験、がん原性試験などの結果には、眼毒性を示唆する所見が含まれる可能性があり、それらの所見を軽々しく取り扱ってはならない。

### 2) 眼毒性リスク評価において考慮すべき要因

　眼毒性リスク評価の基本的な考え方は、他の臓器・器官に生じる毒性と同様で、試験の結果から毒性の種類を特定（有害性確認hazard identification）したうえで、その用量反応を評価（dose-response asessment）し、ヒトにおける曝露量を推定（曝露評価exposure assessment）して総合的に安全性を評価（リスク判定risk characterization）する。詳細は成書（広瀬：2009[4]）を参考にされたい。

　眼毒性リスク評価において考慮すべき要因を判りやすく分類するとa)臨床的重要性、b)種差による特異性、c)類似化合物の情報、d)投与期間と発症時期、e)マージン、

f)回復性、g)発症機序、h)適応症とリスク・ベネフィットバランス、i)臨床モニターの可能性などがあげられる。

### a)臨床的重要性

毒性試験で、眼検査や眼病理検査を実施すると様々な所見が記録される。しかし、ヒトに投与されたときのリスク、すなわち視覚に対して深刻な影響を引き起こす可能性があるか否かを鑑別することが非常に重要である。このため、眼組織の解剖、生理、生化学、病理、病態生理と関連づけて考察しなければならない。

### b)種差による特異性

前章までに記述したとおり、眼組織には様々な種差が存在する。動物実験の結果をヒトに外挿するためには、種差による特異性を十分に考慮しなければならない。動物に認められた変化がヒトに当てはまらない場合がある一方、動物実験でヒトに対するリスクをすべて明らかにすることは困難である。

### c)類似化合物の情報

類似化合物の情報は、毒性の発症機序、ヒトへの外挿、臨床モニターの可能性などを考察する際に役立つ。公表されている眼毒性の情報は限定的ではあるが、可能な限り入手するように努めなければならない。

### d)投与期間と発症時期

一般的に毒性の発症時期には、急性に発症するものと長期投与後に発症するものがある。重篤な眼の副作用が報告されている薬物は、投与期間が長く総投与量も多い(7.2参照)。このような薬物では、臨床試験開始後に実施される長期反復投与毒性試験ではじめて眼毒性が検出されることも考えられ、臨床試験に参加している患者の安全性の確保に留意する必要がある。

### e)マージン

他の器官の毒性と同様、眼毒性のリスク評価においても曝露のマージンを考慮することは重要である。すなわち、眼毒性の無毒性量とそのときの曝露量の情報は、リスク評価のヒトへの外挿に役立つ。

### f)回復性

これも他の器官の毒性と同様であるが、回復性はリスク評価の重要な要因である。すなわち、投与を中止して回復するものであれば、リスクは比較的小さいと評価できる。しかし、投与を中止しても重篤な眼毒性が残る可能性があれば、その薬物の取り扱いには慎重にならざるを得ない。

### g)発症機序

発症機序の考察は容易でないが、毒性症状発現の回避や毒性症状の治療などの方法を探る手がかりとなる。

### h)適応症とリスク・ベネフィットバランス

適応症によっては、動物実験での眼毒性発現がヒトにおけるリスクとならない場合がある。例えば、低血糖治療薬では動物を高血糖状態にすることから結果的に白内障を生じることがあるが、ヒトで投与されるのは低血糖患者であり、治療を行っても患者は高血糖状態にはならないため、白内障のリスクは低いと考えられる。

他に有効な治療方法がない場合は、リスク・ベネフィットを考慮して投与が許容される場合がある。例えば、失明の可能性が高い疾患であれば、眼毒性のリスクもある程度許容される。

### i)臨床モニターの可能性

眼組織には種差が極めて多いので動物実験の結果を、そのままヒトへ外挿できることは少ない。動物実験の結果が偽陽性である可能性が高い場合、開発を中止してしまえば副作用被害は避けられるが、その薬物を待っている患者から治療の機会を奪ってしまう可能性もある。これを防ぐためには適切なモニターを実施したうえで、臨床試験の継続を考慮すべき場合がある。適切な臨床モニターの方法、すなわち臨床バイオマーカーの活用は、市販後の安全性確保にも重要である。臨床モニターの方法を提案するためには、動物だけでなくヒトでの眼検査・診断の方法に関する幅広い知識が必要である。

## 3)毒性試験における眼科学的検査

### a)眼科学的検査のデザイン

検査の実施にあたっては、十分に科学的な方法で検査を実施しなければならない。反復投与毒性試験におけるルーチンの眼科学的検査としては、外観の観察、細隙灯顕微鏡、双眼倒像検眼鏡を用いた検査(2.2参照)の組み合わせが一般的である。眼毒性が疑われる所見が得られた場合など、必要に応じて特殊検査(2.3参照)を加えるが、特殊検査の目的を事前によく検討しないまま検査を実施すると、その結果がリスク評価を混乱させることもある。眼毒性のリスク評価にあたっては、臨床的重要性の観点から視覚の評価が極めて重要であり、視覚検査(2.4 1)参照)の実施を考慮すべきである(表7-1-1)。

反復投与毒性試験のガイドライン(医薬審第655号:1999[3])では、げっ歯類の眼科学的検査に用いる動物数として「各群ごとに一定数の動物を選び、検査を行う」とあるが、げっ歯類の眼には自然発生病変が多いので、1群10例程度から一定数のみを抜き出して検査を行うと個体差の偏りが大きくなり、自然発生病変を悪化させるような毒性の評価が困難になる。このため、少なくとも高用量群と対照群においては、全例の検査を考慮する必要がある。さらに高用量群で眼毒性が疑われた場合には、無毒性量を判断するために、その下の用量群での全例検査が必要となるであろう。また、自然

表7-1-1. 毒性試験における眼科学的検査

| ルーチン検査 | | 外観の観察、細隙灯顕微鏡検査、倒像検眼鏡検査 |
|---|---|---|
| 特殊検査 | 涙液層の検査 | シルマーテスト、涙液層破壊時間検査 |
| | 角膜の検査 | 蛍光染色、スペキュラマイクロスコープ検査、角膜厚検査 |
| | 眼圧検査 | |
| | 蛍光眼底検査 | |
| | 電気生理学的検査 | 網膜電図検査、視覚誘発電位検査 |
| | 画像診断 | 超音波検査、光干渉断層計検査(OCT) |
| | 視覚検査 | メナス反応、綿球落下試験、障害物検査、瞳孔反射 |

発生病変の発症頻度をあらかじめ把握しておくことは極めて重要である(4章参照)。

#### b) 検査実施時に考慮すべき要因

眼検査担当者は、眼科学的検査の当日まで検査動物に接する機会がないことも多い。検査を実施する前に、試験計画書で動物の基本的な情報(動物種、品種・系統、供給元、月齢・週齢など)を確認しておく必要がある。また、眼科学的検査までに実施されたその他の検査、観察項目の結果にも目を通しておくべきである。

検査において、最初に考慮すべきことは、観察されている所見は本当に生体に生じた変化であるか否かを判断することである。眼科検査で用いる検査機器の多くが、光を使ってその反射あるいは影を観察するものであるが、検査機器以外の照明や、機器特有の反射などが、あたかも病変のように見えることがあるため注意しなければならない。

さらに、自然発生病変や、正常変動範囲内のバリエーションがあることも注意すべきである。例えば、体毛色が薄い動物は、網膜色素上皮のメラニンも比較的少なく、脈絡膜血管が透見できることがある。体毛色の相違は、病変ではなく、あくまでも個体差の範囲と考えるべきである。

つぎに考慮すべきことは、認められた変化が被験物質投与によって生じたものかどうか判断することである。試験操作や飼育環境によって、眼に異常が生じることも考慮しなければならない。例えば、げっ歯類の眼窩静脈叢採血で、眼球癆が生じることがある。また、アルビノ動物では過度の強さの照明によっても光による網膜障害を生じる(4.1参照)。

被験物質による変化と判断した場合にも、被験物質による直接の作用か、二次的な影響であるかを評価する必要がある。これには、眼科学的知識だけでなく、他器官の生理機能に対する知識が要求される。

視覚機能に対するリスクの重篤度の評価や、眼毒性発症機序の考察のためには、病理検査から得られる細胞レベルの情報が非常に役立つため、病理研究者との連携も重要である。しかし、病理組織検査は1枚の切片を眼組織全体の代表として観察する場合がほとんどであり、眼組織全体を、そして視覚機能を同時に評価できるのは眼科学的検査だけであることから、病理組織検査ですべてを代用することは不可能である。

#### c) 検査結果の報告

GLPでは、試験報告書の作成義務は試験責任者に課されている。日本の省令GLPでは、眼検査担当者は試験関係者のひとりに過ぎず、その役割はデータを提出することに留まっている。しかし海外では、専門家が領域ごとの評価を下すべきという考えが強く、眼検査でも病理検査やトキシコキネティクス評価などと同様、評価に対する眼科専門家の署名が求められている。

国内でGLP試験として実施する場合、日本の省令GLPとの整合性を図らなくてはならないが、試験責任者が必ずしも眼毒性評価の専門家ではない現実を考慮すると眼科専門家による眼検査報告書が必要と考えられる。これを欠くと、GLPの要求は満たすもののリスク評価の本質を見誤る恐れがある。

眼検査報告書には、少なくとも被験物質投与に関連する眼毒性所見の有無、その所見が認められた用量及び無毒性量、臨床的重要性の考察、異常所見の回復性に関する考察の記載が含められるべきである。

### 4) 眼毒性のリスク評価の課題

これまでヒトは様々な医薬品で眼に対する副作用の事例を経験してきた(7.2参照)。その一部は動物試験でも再現されているが、必ずしもすべてという訳ではない。製薬企業や研究機関では、ある薬物で眼毒性を経験したとしても、その薬物の開発が中止されれば、眼毒性の情報が公開されることはまれである。そのため、他施設の眼毒性研究者と、共有できる実験動物の眼毒性情報は限られていた。このことが、眼毒性評価の障害になっていたことは否めない。しかし、10年ほど前から日本においても承認審査情報が公開されるようになり、現在では医薬品医療機器総合機構(PMDA)のウェブサイト「http://www.info.pmda.go.jp/approvalSrch/PharmacySrchInit?」から、承認された医薬品の審査報告書と申請資料概要を閲覧することができる。試験報告書自体は公開されないが、公開されている資料を丹念に調査すると眼毒性に関する情報を収集することも可能で、いくつか興味深い事例も認められている。以下に、それらの一部を紹介するが、将来においてより質の高い眼毒性評価を実現するこ

とが目的であるので、品目名は記載しない。

### a) 毒性があると判断され、臨床試験や市販後において注意が喚起された事例

安全性試験で特定の眼毒性所見が認められていても、承認に至っている品目が複数あった。実際のところ、白内障の報告が最も多い。そのなかには、病理組織検査や追加眼毒性試験などを実施しても、機序を明らかにすることができなかった事例も含まれていた。その多くで、臨床試験では同様の所見が認められなかったため、非臨床試験での所見には種差が関与すると考えられるという判断が記載されていた。しかし、ヒトにおけるリスクが完全に払拭されている訳ではないので、添付文書において引き続き注意（定期的な眼科検査）が喚起されている。このような事例は、非臨床試験での眼毒性評価として妥当なプロセスといえよう。

### b) より詳細な説明が必要と考えられる事例

ラットに観察された白内障が、後の検査で認められなかったため、回復したと記述された事例があった。水晶体混濁が消失するのは、微細な混濁の場合などに限られており、通常、白内障が回復することはまれである。

単純に白内障あるいは水晶体混濁とだけ記述されている例もあった。水晶体混濁は、その発症機序によって混濁箇所や形状などが異なるので、これらの情報を記述することは、リスク評価に重要である。さらに「眼混濁」とだけ記述されている例もあった。眼には角膜、水晶体、硝子体など混濁を生じる組織は多く、それが特定されていなければリスク評価として不十分である。

また、角膜異常について「局所の循環障害が原因」と考察されている事例があった。角膜は無血管組織であり、酸素は主に涙液層から供給され、その他の栄養供給は房水に頼っている。通常「循環」という用語は血液を介した物質の移動を意味するので、より詳細な説明が必要と思われる。

### c) 自然発生病変との関連

4章に詳述した通り実験動物の眼には、様々な自然発生病変が生じる。公開されている審査報告書や申請概要の記述を俯瞰すると、自然発生病変と十分に鑑別されているかが疑問である事例が認められる。自然発生病変と鑑別するためには、検査者の知識と経験ならびに背景データの情報が必要となる。

### 5) 眼毒性研究者に求められる役割

適切な眼毒性のリスク評価を行うためには、ヒトと実験動物の種差を含めた眼の解剖学的、生理学的、発生学的、病態生理学的知識と、各種検査法に関する基礎知識が必要である。眼科検査担当者が毒性リスク評価の基本的な考え方を理解していない場合、検査結果はデータとして提出はされるが、眼科学的知識がない毒性評価者に眼毒性のリスク評価を委ねることになる。眼に対する広い知識を有し、さらに毒性リスク評価の見識も兼ね備えた者が眼毒性研究者として、検査から評価までを一貫して行うことが理想である。これが困難な場合には、それぞれの専門家がよく連携する必要がある。

長期の反復投与試験は、多くの場合、臨床試験開始後に実施されるので、長期投与ではじめて重篤な眼毒性が明らかになることもある。このような場合、眼毒性研究者は、すみやかにヒトに対するリスクを報告し、場合によっては臨床試験の中止を提案することも必要になる。

臨床試験を実施、あるいは継続するにあたっては、毒性試験で認められた所見をモニターできる方法を検討し、それを提案することも眼毒性研究者の役割のひとつである。現代の医学では治療ができず視覚の喪失につながるような毒性は容認できないが、その一方、リスクが許容できる範囲にある場合は、薬物を必要としている患者にそれを届けるのも大切なことである。

眼毒性を示す薬物の開発を継続する場合には、追加の眼毒性試験の実施が計画されることもあるが、その時に適切な試験方法を提案するのも、眼毒性研究者の役割である。

繰り返しになるが、眼毒性のリスク評価には、眼に対する広い知識と経験ならびに毒性リスク評価の見識が必要となるが、少なくともそれぞれの専門家が緊密な連携をとることが必須であり、各専門家の責任が大きいことを忘れてはならない。

## 7.2 眼毒性の事例

ヒトは様々な医薬品や化学物質に起因する眼の有害作用を経験してきている。そのなかには視覚の喪失を引き起こし、重大な社会問題に発展したケースも散見される。医薬品の眼毒性を評価するにあたっては、同じような事象を繰り返さないためにも、過去の事例を知っておくことが重要である。これまでにも、多くの総説や成書において、眼に対する薬物の副作用が報告されてきた（細谷：2008[5]、久世：2009[6]、久野ら：2008[7]、Li et al: 2008[8]、三村：2008[9]、中尾：2008[10]、佐藤：2008[11]）。本章では、そのようなヒトの眼毒性事例を振り返るとともに、実験動物における報告を加えて解説する（表7-2-1）。また、医薬品だけでなく、同様に重大な社会問題となった化学物質による眼に対する影響についても紹介する。農薬や飼料添加物などに含まれる化合物も環境中に放出されており、これらの物質の眼毒性評価は今後の課題である。

眼に有害作用を生じる可能性がある医薬品は、眼科用局所投与薬、全身投与薬の両方で報告されており、投与経路に依存するものではない。その一方で、眼毒性の発症と重

表7-2-1. 眼に障害を引き起こすことが報告されている代表的な薬物・化学物質

| 障害 | 薬物名 |
| --- | --- |
| 角膜 | 抗菌薬、点眼麻酔薬、コンタクトレンズ洗浄剤、フルオロウラシル、シタラビン、アミオダロン、A型ボツリヌス毒素、H1ブロッカー、ベンゾジアゼピン、塩化ベンザルコニウム |
| 緑内障 | ステロイド、ドセタキセル、パクリタキセル |
| 白内障 | ステロイド、ブスルファン、フェノチアジン系化合物(クロルプロマジン)、ムスカリン受容体阻害剤 |
| 網膜 | クロロキン、キノホルム、タモキシフェン、フェノチアジン系化合物(クロルプロマジン、チオリダジン)、イソトレチノイン |
| 視神経・網膜神経節細胞 | エタンブトール、シンナー、メタノール、リネゾリド、シプロフロキサシン、フルオロウラシル、シスプラチン、インフリキシマブ、アダリムマブ、イマチニブ、シクロスポリン、タクロリムス、メトトレキサート、イブプロフェン、ジスルフィラム、シルデナフィル、メトロニダゾール |

篤度は、投与量と投与期間に関連することが多く、投与期間が長く総投与量が多い薬物で、しばしば重篤な眼の副作用が報告されている。投与を中止することで症状が改善する場合もあるが、不可逆的な障害を生じることもある。

### 1)角膜・結膜障害

点眼薬による角膜や結膜の障害は、比較的頻繁に認められる副作用で、その発症機序には、薬理学的作用の延長、薬物アレルギーなどのほかに、製剤成分の界面活性作用が関与している。角膜・結膜障害は、軽度であれば回復が期待できるが、瘢痕が形成されるような重度の障害では、予後が不良な場合がある。

角膜・結膜障害を引き起こす薬物として、抗菌薬、点眼麻酔薬、消毒成分が入ったコンタクトレンズの洗浄液、抗悪性腫瘍薬(フルオロウラシルやシタラビン)などが知られている(細谷: 2008[5])。

不整脈治療薬のアミオダロンは、角膜上皮の基底細胞にリポフスチン沈着を生じる。自覚症状はほとんどなく視力も低下しないが、まれに羞明、色視症、虹視症を訴えることがある。なお、アミオダロンは、白内障や視神経症を引き起こし視力低下の原因となることもある。

眼瞼痙攣、片側顔面痙攣、眼振の治療薬として用いられるA型ボツリヌス毒素は、眼瞼下垂と瞬目頻度の減少を引き起こし、その結果として角膜が露出し、角膜上皮障害や角膜潰瘍を生じる(Li et al: 2008[8])。

H1ブロッカーやベンゾジアゼピンなどは、涙液の分泌を減少させて角膜に障害をきたすことがある。緑内障は高齢者に多い眼疾患で、眼圧を下降させる点眼薬を長期間投与する必要があるが、高齢者では涙液層、角膜、結膜などの機能が低下しているため角膜・結膜障害が生じやすい。さらに、防腐剤として点眼薬に配合されることが多い塩化ベンザルコニウムによる角膜障害がよく知られている(山田ら: 1998[12])。

サルファ剤、抗菌薬、非ステロイド性抗炎症薬(NSAIDs)などによって、薬物アレルギー反応としてスティーブンス・ジョンソン症候群が生じることがある(高杉: 1995[12])。角膜や結膜の瘢痕形成、結膜杯細胞の消失によるドライアイを生じるだけでなく、全身の皮膚・粘膜が傷害され、残念ながら予後は不良である。

### 2)緑内障と白内障

#### a)ステロイド

ステロイドによる緑内障は、局所投与でも全身投与でも生じる(高杉: 1995[13])。個体差はあるが、頻度は高く、ヒトでは35%の患者で6 mmHg以上の眼圧上昇が認められている。細胞外基質が線維柱帯へ沈着することによって房水の排出抵抗が増大して房水流出量が減少し、眼圧が上昇するものと考えられている(柏木: 2008[14])。臨床的には、原発性開放隅角緑内障に類似し、眼圧が上昇して視神経乳頭が陥凹し、最終的には視野欠損が認められる(Li et al: 2008[8])。重篤な障害を防ぐため、眼圧上昇が認められた時には直ちにステロイド投与を中止すべきである。ステロイドの投与期間が短期の場合は投与を中止すれば眼圧は下降するが、長期使用の場合では眼圧は下降しにくい。

ステロイドの長期投与では白内障が生じることも知られている。ステロイドを6ヶ月以上長期投与した患者の11〜38%に後嚢下白内障が生じる(Gupta et al: 2009[15])。ステロイドによる白内障は両側性に発症し、局所投与でも全身投与でも生じる。近年、水晶体上皮細胞にグルココルチコイド受容体が発現していることが明らかになり、ステロイドが水晶体に直接作用して白内障が生じる可能性が示唆されているが、発症機序の詳細は明らかになっていない。

#### b)抗悪性腫瘍薬

近年開発された新しい世代の抗悪性腫瘍薬である

ドセタキセル及びパクリタキセルを投与された患者において、開放隅角緑内障が報告されている（Li et al: 2008[8]）。

慢性骨髄性白血病の治療薬として用いられているアルキル化薬のブスルファンは、後嚢下白内障を引き起こす（Li et al: 2008[8]）。動物実験の結果から、水晶体上皮細胞の細胞分裂過程で薬物が核酸合成に作用することが示されており、これが発症機序に関連していると考えられている。

### d）その他

フェノチアジン系化合物は抗精神病薬として用いられているが、これが白内障を引き起こすことが知られている（Li et al: 2008[8]）。フェノチアジン系化合物の全身投与によって、前極皮質の水晶体嚢直下に白色ないし黄褐色顆粒が沈着し、時間の経過とともに前極白内障が形成される。

また、ムスカリン受容体阻害薬を投与したラットにおいて前極嚢下の混濁が報告されている（Durand et al: 2002[16]）。組織学的には水晶体上皮細胞の増殖像が観察されているが、同じ化合物を投与したマウスやイヌには発症していない。

## 3）網膜症

### a）クロロキン

抗マラリア薬として開発されたクロロキンは、不可逆的な網膜毒性を引き起こし、代表的な眼の有害作用として知られている。

抗マラリア薬として低用量で使用されていたときには眼毒性は認められなかったが、リウマチ、慢性腎炎に適用拡大し、長期間、高用量で使用されるようになると重篤な障害を生じるようになった（北川: 1988[17]、Li et al: 2008[8]）。遊走を伴う網膜色素上皮の変性や視細胞の壊死が起こり、最終的に失明に至る。

クロロキンはメラニン親和性が高く、ぶどう膜や網膜色素上皮に蓄積する。その結果、網膜色素上皮の薬物濃度は肝の80倍にも達する。一方、クロロキン網膜症は、アルビノ及び有色素のウサギ、ラット、ネコで実験的に再現されており、アルビノ及び有色素動物のいずれでも、障害の程度や部位は類似している（Leblanc et al: 1998[18]）。また、タペタム領域の網膜色素上皮にはメラニンは含まれていないが、ネコでタペタム領域の視細胞も傷害されたことが報告されている。以上のように、メラニン親和性と毒性発現の関係は明確ではない。クロロキン網膜症の発症機序には、タンパク質合成抑制作用あるいは脂質代謝障害が関与すると考えられている。

### b）キノホルム

キノホルムは創傷殺菌などに外用剤として用いられたが、特異的な神経障害、すなわちスモン（亜急性脊髄視神経末梢神経症 Subacute myero-optico-neuropathy）を生じて大きな社会問題を引き起こした（高須: 2003[19]）。臨床症状として、腹痛や下痢に始まり、視力消失、下肢のしびれ、脱力、起立・歩行障害、緑舌・緑便がみられ、重症例では下肢の完全麻痺が起きる。神経病理学的には、末梢神経、脊髄脊索及び側索の変性、球後視神経軸索の変性がみられ、ミエリンの崩壊を伴う。キノホルムはイヌ、ネコにスモン様症状を引き起こす（松木ら: 1997[20]）が、サル、ラット、マウス、ハムスター及びモルモットでは長期間投与によってもスモン様症状は発現しない。

### c）タモキシフェン

タモキシフェンは、乳がん治療に使用される非ステロイド性の抗エステロゲン薬である。高用量のタモキシフェン投与によって、黄斑及び黄斑周囲の広範な軸索変性を主徴とした網膜毒性が報告されている（Li et al: 2008[8]）。臨床的には、網膜浮腫、網膜出血及び視神経乳頭の腫脹が認められる。高用量投与の場合、軸索変性は不可逆的で視力や視野は回復しないが、低用量では、投与を中止すると網膜症は回復する。網膜症の発症機序には、タモキシフェンによる血栓形成が関与していると考えられているが、明らかではない。

### d）フェノチアジン系化合物

フェノチアジン系化合物は、抗精神病薬として用いられている。フェノチアジン系化合物で最初に変化が生じるのは視細胞外節で、その後に網膜色素上皮の変化が認められる。代表的なフェノチアジン系化合物であるクロルプロマジンで、網膜に色素沈着が認められることはあるが、網膜障害に至ることはまれである。しかし、別のフェノチアジン系化合物であるチオリダジンでは、数週間ないし数ヶ月間の高用量投与で、重篤な網膜症を引き起こす（Li et al: 2008[8]）。すなわち、色素の増加あるいは減少を伴う広範な網膜色素上皮の萎縮を生じ、視野欠損や夜盲を引き起こす。さらに、フェノチアジン系化合物のひとつであるSandoz NP-207では、重篤な視力障害や失明が生じたため臨床試験が中止されている（Leblanc et al: 1998[18]）。

フェノチアジン系化合物はメラニン親和性を有するが、クロルプロマジンによる網膜電図の変化はアルビノと有色素のラット及びウサギに生じることから、メラニン親和性と網膜異常との関係は明らかではない。

### e）その他

ニキビ治療に用いられているレチノイド類（イソト

レチノインなど)は、夜盲あるいは暗順応の異常を生じる(Li et al: 2008[8])。レチノイドによる網膜異常の機序は、レチノール結合部位が競合することによるものと考えられている。

### 4)視神経症

#### a)エタンブトール

結核治療に用いられるエタンブトールは、霧視、視力低下、色覚異常など、視神経症状を引き起こす(Li et al: 2008[8], 佐藤ら: 1984[21], 高杉: 1995[13])。視神経症は不可逆的であるが、ごく初期に投与を中止すれば重篤な副作用を免れることもある。エタンブトール視神経症には、用量相関性があると言われている。視覚誘発電位(VEP)では異常が検出できるが、網膜電図(ERG)に変化は認められない(佐藤: 1984)。グルタミン性の神経興奮毒性によって、神経節細胞が傷害される。イヌにタペタムの変色を生じるが、可逆的である(Narfstrom et al: 2007[22])。

#### b)リネゾリド

バンコマイシン耐性腸球菌及び黄色ブドウ球菌の治療薬であるリネゾリドで視神経症が報告されている(Li et al: 2008[8])。リネゾリドの推奨投与期間は1ヵ月であるが、視神経症が報告された症例では、それを大幅に超えた5～11ヶ月間の投与が続けられていた。投与の中止によって障害は回復性を示している。

#### c)シンナー及びメタノール

シンナー及びメタノールによる視神経症がよく知られている(三村: 2008[9])。シンナーは単一の成分ではなく、トルエン、ノルマルヘキサン、メタノール及びキシレンなどの有機溶媒が混合された溶剤である。主成分であるトルエンは、脂質との親和性が高く容易に血液−脳関門を通過して脳内に取り込まれる。P450によって代謝されるが、その際に生じるエポキシドが深刻な細胞毒性を生じる。メタノールは肝臓でホルムアルデヒドと蟻酸に代謝され、そのいずれもが強い神経毒性を生じる。メタノール視神経症では、網膜浮腫や視神経の腫脹が観察される(Fujiwara et al: 2006[23])。

#### d)その他の薬物による視神経障害

その他、シプロフロキサシン(慢性骨髄炎治療薬)、フルオロウラシル、シスプラチン(抗悪性腫瘍薬)インフリキシマブ(抗リウマチ薬)、アダリムマブ(抗TNF-α抗体薬)、イマチニブ(慢性骨髄性白血病治療薬)、シクロスポリン、タクロリムス(免疫抑制薬)、メトトレキサート(抗リウマチ薬・代謝拮抗薬)、イブプロフェン(NSAIDs)、ジスルフィラム(抗アルコール中毒薬)、シルデナフィル(勃起不全治療薬)、メトロニダゾール(抗トリコモナス薬)などによって視神経症が発症することが報告されている(中尾: 2008[10])。

### 5)光毒性

全身投与、局所投与に係わらず、多くの医薬品、食品添加物、診断薬などの化合物は、水晶体あるいは網膜に到達する波長の紫外線あるいは可視光線を吸収し、光毒性を引き起こすことがある(Roberts: 2002[24])。

環境光は、100～290 nmのUV-C、290～320 nmのUV-B、320～400 nmのUV-A、400～760 nmの可視光線によって構成されている。290 nm以下の波長領域は、地球を覆うオゾン層と角膜によって遮断されるため、すべてのUV-Cと一部のUV-Bが水晶体に達することはない。さらに成人の水晶体は、残ったUV-Bとすべてのuv-a(290～400 nm)を吸収するため、可視光線だけが網膜に達する。しかし、未成熟の水晶体では、320 nm付近の光線を吸収することができず、一部のUV-Bが網膜に到達する。

化合物が光線を吸収して生じた活性酸素が組織障害を引き起こす。光毒性を防御する仕組みとして、房水や硝子体には様々な抗酸化酵素(スーパーオキサイドディスムターゼ、カタラーゼ)や抗酸化物質(ビタミンE、ビタミンC、ルテイン、ゼアキサンチン、リコペン、グルタチオン、メラニン)が含まれている。これらの抗酸化酵素や抗酸化物質は、40歳頃から加齢とともに減少するので、障害のリスクが高まる。

角膜は炎症を引き起こすような光毒性障害を受けやすいが、回復が速いので障害が残ることはまれである。ぶどう膜にはメラニンが豊富に含まれており、通常は光毒性から防御されているが、光毒性反応がメラニン産生に影響することがある。水晶体線維の細胞膜において脂質あるいは膜内在性タンパク質が光化学的反応で傷害されると水晶体混濁が生じることがある。また、光化学反応によるアミノ酸の変化やタンパク質の共有結合が水晶体タンパク質を凝集させ、水晶体混濁を生じることがある。水晶体タンパク質はほとんど再生しないので、これらの障害が回復することはない。網膜の光毒性は、軽度であれば修復されるが、重篤な障害は回復せず失明に至ることもある。

現在、ICH(日米EU医薬品規制調和国際会議)において、「医薬品の光安全性評価ガイドライン」について議論が行われている。そのガイドライン案には、全身適用薬の*in vivo*光安全性試験において「必要な場合には、網膜における光毒性を、確立された動物モデルにおける網膜の病理組織学的検査により評価すべきである」と記述されている。しかしながら、病理組織学的検査では、網膜の機能、すなわち視覚機能を評価することはできず、また組織標本の一断面のみの評価に留まり網膜全体について評価できない場合もあるため、光安全性評価に眼科学

的検査は必須であろう。

### 6) サリン

1990年代に松本サリン事件及び地下鉄サリン事件という死亡も含む多くの被害者を出すテロ事件が発生した。サリンは有機リン化合物で、コリンエステラーゼ阻害作用を有し、事件発生当初より被害者に縮瞳がみられることが報じられていた。事件発生から十数年がたち被害者の経過が報告されるようになった（岩佐ら：2013[25]）。サリンの関与が十分に考えられる眼異常として、過縮瞳、散瞳不十分、調節力障害、瞬目異常、眼球運動異常などが認められている。個々の被害者の曝露量は不明であり、因果関係の考察は困難ではあるが、化学物質が引き起こした眼の有害作用の重要な事例として、今後も経過に注目していく必要があろう。

### 参考文献

1 厚生労働省薬食審査発0219第4号（2010）「医薬品の臨床試験及び製造販売承認のための非臨床安全性試験の実施についてのガイダンス」について．http://www.pmda.go.jp/ich/m/step5_m3r2_10_02_19.pdf

2 Somps CJ, Greene N, Render JA, Aleo MD, Fortner JH, Dykens JA, et al. A current practice for predicting ocular toxicity of systemically delivered drugs. Cutane Ocul Toxicol. 2009 ; 28 : 1-18.

3 厚生省医薬審第655号（1999）．反復投与毒性試験に係るガイドラインの一部改正について．http://www.pmda.go.jp/ich/s/s4a_99_4_5.pdf

4 広瀬明彦．リスクアセスメント・リスクマネージメント．新版トキシコロジー．朝倉書店．東京；2009．

5 細谷友雅．全身用剤による角膜障害．あたらしい眼科．2008；25：449-453．

6 久世博．感覚器毒性．新版トキシコロジー．朝倉書店．東京；2009．

7 久野博司．医薬品の眼の副作用症例．非臨床試験－ガイドラインへの対応と新しい試み．エル・アイ・シー．東京；2009．

8 Li J, Tripathi RC, Tripathi BJ. Drug-induced ocular disorders. Drug Safety. 2008 ; 31 : 127-141.

9 三村治．シンナー中毒性視神経症．メチルアルコール中毒性視神経症．あたらしい眼科．2008；25：471-477．

10 中尾雄三．視路障害をきたす全身薬．あたらしい眼科，2008；25：455-460．

11 佐藤秀蔵．視覚毒性．日薬理誌．2008；131：50-54．

12 山田昌和，真島行彦．点眼薬の副作用．眼科．1998；40：783-790．

13 高杉益充．薬物性視覚障害．医薬ジャーナル．東京；1995．

14 柏木賢治．ステロイド点眼薬の眼科的副作用．あたらしい眼科．2008；25：437-442．

15 Gupta V, Wagner BJ. Serch for a functional glucocorticoid receptor in the mammalian lens. Exp Eye Res. 2009 ; 88 : 248-256.

16 Durand G, Hubert MF, Kuno H, Cook WO, Boussiquet-Leroux C, Owen R, et al. Muscarinic receptor antagonist-induced lenticular opacity in rats. Toxicol Sci. 2002 ; 66 : 166-172.

17 北川晴雄．毒性学．南光堂．東京；1988．

18 Leblanc B, Jezequel S, Davies T, Hanton G, Taradach C. Binding of drugs to eye melanin is not predictive of ocular toxicity. Regul Toxicol Pharmacol.1998 ; 28 : 124-132.

19 高須俊明．医原性神経疾患と生物化学神経毒による神経障害，スモン－医原病の原点．臨床神経．43：866-869．

20 松木容彦，吉村慎介，阿部昌宏．SMON発症とキノホルムの体内動態．動物種差との関連を中心に．薬学雑誌．1997；117：936-956．

21 Sato S, Sugimoto S, Chiba S. Effects of sodium iodate, iodoacetic acid and ethambutol on electroretinogram and visual evoked potential in rats. J Toxicol Sci. 1984 ; 9 : 389-399.

22 Narfstrom K, Petersen-Jones S. Diseases of the Canine Ocular Fundus. In : Gelatt KN, edited. Veterinary Ophthalmology. 4th ed. Iowa : Blackwell Publishing ; 2007.

23 Fujihara M, Kikuchi M, Kurimoto Y. Methanol-induced Retinal Toxicity Patient Examined by Optical Coherence Tomography. Jpn J Ophthalmol. 2006 ; 50 : 239-241.

24 Roberts JE. Screening for ocular phototoxicity. Int J Toxicol. 2002 ; 21 : 491-500.

25 岩佐真弓，井上賢治，若倉雅登．サリン被害後の眼科的後遺症．あたらしい眼科．2012；29：1435-1439．

# INDEX

## 索 引

### 英字・記号

|  |  |
|---|---|
| A 型ボツリヌス毒素 | 079 |
| a 波 | 033 |
| b 波 | 033 |
| c 波 | 033 |
| H1 ブロッカー | 079 |
| ICH | 075, 081 |
| iPS 細胞 | 073 |
| OCT | 034 |
| Vogt- 小柳 - 原田病 | 051 |
| β 遮断薬 | 070 |

### あ

|  |  |
|---|---|
| アセチル転移酵素 | 069 |
| アナンギオティック | 023 |
| アプラネーション眼圧計 | 032 |
| アマクリン細胞 | 022, 033 |
| アミオダロン | 079 |
| アルビノ | 008, 030, 059, 061, 068, 077, 080 |
| アレルギー性眼瞼炎 | 044 |
| アレルギー性結膜炎 | 044 |
| 暗順応試験 | 038 |

### い

|  |  |
|---|---|
| 異所性睫毛 | 042 |
| 一次硝子体 | 019 |
| 一次硝子体遺残 | 019 |
| 一次硝子体過形成遺残 | 053 |
| 異物性結膜炎 | 044 |
| 医薬品医療機器総合機構 | 077 |
| 医薬品毒性試験ガイドライン | 059 |
| インドシアニングリーン | 032 |

### う

|  |  |
|---|---|
| ウイルス性結膜炎 | 045 |
| ウィンスロー小星 | 017 |
| ヴォルフリング腺 | 011 |

### え

|  |  |
|---|---|
| 液層 | 011 |
| 壊死性上強膜炎 | 049 |
| エタンブトール | 081 |
| エディンガー・ヴェストファル核 | 008, 036 |
| 塩化ベンザルコニウム | 067, 071, 079 |
| 円錐角膜 | 049 |
| 円錐白内障 | 051 |
| 円板 | 021 |

### お

|  |  |
|---|---|
| 黄斑 | 020, 058, 062 |
| 黄斑色素 | 021 |
| オキュラーサーフェイス | 011 |
| 帯状網膜症 | 061 |

### か

|  |  |
|---|---|
| 外顆粒層 | 020, 034 |
| 外境界膜 | 020 |
| 外傷 | 041, 044, 045, 049 |
| 外傷性白内障 | 052 |
| 外節 | 021, 024, 033 |
| 外側膝状体 | 008, 023 |
| 外直筋 | 008, 009 |
| 外転神経 | 008, 009, 035, 038 |
| 外反症 | 043 |
| 回復性 | 076 |
| 開放隅角緑内障 | 056 |
| 外網状層 | 020 |
| 潰瘍性角膜炎 | 031, 047 |
| 下顎神経 | 008 |
| 核硬化 | 010, 052, 061 |
| 角膜 | 006, 012, 031, 079 |
| 角膜潰瘍 | 047 |
| 角膜後面沈着物 | 047, 050 |
| 角膜混濁 | 046, 059, 063 |
| 角膜細胞 | 013 |
| 角膜ジストロフィー | 059, 063 |
| 角膜実質 | 013, 031, 047 |
| 角膜実質浮腫 | 046 |
| 角膜上皮 | 011, 013, 031, 047, 063 |
| 角膜内皮 | 013, 032, 047, 056 |
| 角膜反射 | 038 |
| 角膜輪部 | 012 |
| 下斜筋 | 008, 009 |
| 過熟白内障 | 053 |
| 渦状静脈 | 007 |
| 加水分解酵素 | 069 |
| 画像診断 | 034, 077 |
| 下直筋 | 008, 009 |
| 滑車神経 | 008, 009, 038 |
| 過敏性結膜炎 | 044 |
| 加齢黄斑変性 | 058, 073 |
| 加齢性白内障 | 052 |
| 眼圧 | 016, 020, 032, 051, 056, 070 |
| 眼アレルギー | 073 |
| 眼窩 | 006, 040 |
| 眼窩縁 | 006 |
| 眼窩隔膜 | 006 |
| 眼窩骨膜 | 006, 041 |
| 眼窩脂肪 | 006 |
| 眼球 | 006, 040 |
| 眼球陥凹 | 041 |
| 眼球結膜 | 010 |
| 眼球後引筋 | 008, 009, 035 |
| 眼球突出 | 041 |
| 眼球瘻 | 041, 050, 056, 077 |
| 眼瞼 | 007, 009, 010, 041 |
| 眼瞼炎 | 043 |
| 眼瞼拡大 | 043 |
| 眼瞼下垂 | 044 |
| 眼瞼結膜 | 010 |
| 眼検査報告書 | 077 |
| 眼瞼縮小 | 043 |
| 眼瞼反射 | 009, 035, 038 |
| 眼瞼閉鎖 | 042 |

| 眼瞼無形成 | 042 |
|---|---|
| 眼瞼裂 | 008, 009, 011 |
| 眼軸 | 006 |
| 環状結膜過形成 | 044 |
| 眼振 | 040 |
| 眼神経 | 008, 013, 038 |
| 眼心反射 | 008 |
| 乾性角結膜炎 | 031, 048 |
| 間接照明法 | 028 |
| 間接瞳孔反射 | 037 |
| 桿体 | 020, 033, 036, 055 |
| 眼底低色素 | 062 |
| 眼杯 | 015, 019, 023, 055 |
| 眼杯裂 | 019, 040, 055 |
| 眼房 | 016 |
| 眼胞 | 018, 019 |
| 眼房出血 | 051 |
| 顔面神経 | 008, 010, 011, 035, 038 |
| 間葉 | 010, 013, 014, 015 |
| 眼輪筋 | 008, 009, 010, 035 |

## き

| 基礎涙液分泌 | 011, 031 |
|---|---|
| 基底細胞 | 013 |
| キノホルム | 080 |
| 輝板 | 017 |
| 牛眼 | 041 |
| 球後投与 | 066 |
| 球状水晶体 | 051 |
| 急性後天性網膜変性症候群 | 057 |
| 強膜 | 006, 014, 049 |
| 強膜静脈叢 | 016 |
| 局所麻酔薬 | 073 |
| 鋸状縁 | 015, 016, 019 |

## く

| 隅角 | 013, 016, 032, 050, 056, 062 |
|---|---|
| 隅角鏡 | 035 |
| 屈折 | 012, 015, 017 |
| クラウゼ腺 | 011 |
| クリスタリン | 017, 018 |
| グルタチオン S-転移酵素 | 069 |
| クローケ管 | 019, 053 |
| クロルプロマジン | 080 |
| クロロキン | 080 |

## け

| 蛍光眼底検査 | 032, 077 |
|---|---|
| 蛍光染色 | 031, 077 |
| 血液-眼関門 | 007, 014, 015, 023, 024, 033, 053, 054, 057, 066, 067, 068 |
| 血管蛇行 | 054 |
| 結晶沈着 | 046 |
| 結節性上強膜炎 | 049 |
| 結膜 | 007, 009, 010, 011, 041, 079 |
| 結膜炎 | 044 |
| 結膜円蓋 | 010, 011 |
| 結膜下投与 | 067 |
| 結膜嚢 | 010, 011, 066 |
| 結膜浮腫 | 044, 045 |
| 結膜無形成 | 044 |
| 牽引性網膜剥離 | 057 |
| 瞼球癒着 | 045 |
| 捲縮輪 | 014, 049 |
| 原発性緑内障 | 056 |
| 瞼板 | 009 |

## こ

| 抗VEGF薬 | 073 |
|---|---|
| 抗悪性腫瘍薬 | 079 |
| 抗アレルギー薬 | 073 |
| 抗ウイルス薬 | 072 |
| 後極 | 006, 026 |
| 抗菌薬 | 071, 079 |
| 高血圧性網膜症 | 057 |
| 膠原線維 | 013, 014, 016, 019, 023 |
| 交互対光反射試験 | 037 |
| 虹彩 | 006, 014, 049, 050 |
| 虹彩萎縮 i | 050 |
| 虹彩異色症 | 050 |
| 虹彩血管新生 | 050 |
| 虹彩後癒着 | 050, 056, 060 |
| 虹彩色素上皮 | 014, 015, 019 |
| 虹彩シスト | 050 |
| 虹彩前癒着 | 050 |
| 虹彩低形成 | 050 |
| 虹彩突出 | 050 |
| 虹彩反帰光線法 | 028 |
| 虹彩癒着 | 050 |
| 抗真菌薬 | 072 |
| 後嚢 | 018, 019, 051 |
| 後発白内障 | 052 |
| 後部円錐水晶体 | 051 |
| 後房 | 014 |
| コラーゲン | 013, 018, 019 |
| コロボーマ | 040, 050, 051, 054, 055, 061 |

## さ

| 細菌性結膜炎 | 045 |
|---|---|
| 細隙灯顕微鏡 | 028, 076 |
| 再発性角膜びらん | 048 |
| 細胞浸潤 | 047 |
| サリン | 082 |
| 散瞳 | 026 |
| 三叉神経 | 008, 010, 011, 013, 015, 018, 038 |
| 散瞳 | 032, 036 |
| 散瞳薬 | 073 |
| 霰粒腫 | 044 |

## し

| 視運動反応 | 037 |
|---|---|
| 視蓋前域核 | 008, 023, 036 |
| 視覚軸索 | 008 |
| 視覚性断崖回避試験 | 037 |
| 視覚性踏み直し試験 | 037 |
| 視覚誘発電位 | 034, 077 |
| 色素沈着 | 046 |
| 視交叉 | 008, 023 |
| 視細胞 | 019, 020, 023, 033 |
| 視細胞異形成 | 055 |
| 視索 | 008, 023 |
| 視軸 | 006, 040 |
| 篩状板 | 014, 023, 054, 056 |
| 視神経 | 006, 019, 022, 023, 054 |
| 視神経萎縮 | 054 |
| 視神経炎 | 054, 058 |
| 視神経症 | 079 |
| 視神経低形成 | 055 |
| 視神経変性 | 054, 058 |
| 視神経無形成 | 055 |
| 持続性角膜潰瘍 | 048 |
| シタラビン | 079 |
| 櫛状靭帯 | 016 |
| シトクロム P450 | 069 |

| | | |
|---|---|---|
| 視物質 | 021, 024 | |
| 視野 | 006, 008, 023, 056 | |
| 斜視 | 040 | |
| 縮瞳薬 | 073 | |
| 樹状潰瘍 | 049 | |
| 腫瘍 | 041, 044 | |
| 主涙腺 | 011 | |
| シュレム管 | 016, 062 | |
| シュワルベ線 | 014 | |
| 瞬膜 | 010, 011, 063 | |
| 瞬膜腺 | 011 | |
| 瞬膜突出 | 045 | |
| 障害物検査 | 036, 077 | |
| 上顎神経 | 008, 038 | |
| 上眼瞼挙筋 | 008, 009, 010 | |
| 小眼症 | 040, 041, 061 | |
| 硝子体 | 006, 018, 053 | |
| 硝子体液状化 | 053 | |
| 硝子体炎 | 053 | |
| 硝子体窩 | 017, 019, 053 | |
| 硝子体基底部 | 019 | |
| 硝子体細胞 | 019 | |
| 硝子体水晶体嚢靱帯 | 019 | |
| 硝子体閃輝症 | 053 | |
| 硝子体脱出 | 054 | |
| 硝子体動脈 | 019 | |
| 硝子体動脈遺残 | 053, 060, 063, 065 | |
| 硝子体内投与 | 067 | |
| 硝子体ヘルニア | 054 | |
| 硝子体変性 | 053 | |
| 硝子体膜 | 019 | |
| 上斜筋 | 008, 009 | |
| 小神経膠細胞 | 022 | |
| 小水晶体症 | 051 | |
| 上直筋 | 008, 009, 010 | |
| 小乳頭 | 054 | |
| 睫毛 | 009, 027 | |
| 睫毛重生 | 042 | |
| 睫毛乱生 | 042 | |
| 小涙点 | 046 | |
| 初期白内障 | 052 | |
| シルマーテスト | 031, 046, 048, 077 | |
| 神経外胚葉 | 015, 019 | |
| 神経節細胞 | 008, 019, 022, 023, 033, 035 | |
| 神経堤細胞 | 011, 013, 014, 015, 019 | |

| | | |
|---|---|---|
| 神経伝達物質 | 022, 036 | |
| 神経網膜 | 006, 019 | |
| 進行性黄斑変性 | 062 | |
| 進行性網膜萎縮 | 055 | |
| 進行性網膜変性 | 055 | |
| 滲出性網膜剥離 | 057 | |
| 新生児眼炎 | 042, 045 | |
| シンナー | 081 | |

### す

| | | |
|---|---|---|
| 水晶体 | 006, 017, 051 | |
| 水晶体核 | 018 | |
| 水晶体血管膜 | 018, 019 | |
| 水晶体混濁 | 051, 060 | |
| 水晶体上皮 | 017, 051 | |
| 水晶体線維 | 017, 051 | |
| 水晶体脱臼 | 053, 061 | |
| 水晶体嚢 | 018, 052 | |
| 水晶体板 | 018 | |
| 水晶体皮質 | 018 | |
| 水晶体変位 | 053 | |
| 水晶体胞 | 013, 018, 019, 051 | |
| 水層 | 011 | |
| 錐体 | 020, 033, 036, 055, 062 | |
| 水平細胞 | 022 | |
| 水疱性角膜症 | 047 | |
| 髄放線 | 030, 063 | |
| スティーブンス・ジョンソン症候群 | 079 | |
| ステロイド | 073, 079 | |
| ステロイド緑内障 | 057 | |
| スペキュラマイクロスコープ | 031, 077 | |
| スモン | 080 | |

### せ

| | | |
|---|---|---|
| ゼアキサンチン | 021, 081 | |
| 成熟白内障 | 052 | |
| 星状硝子体症 | 053 | |
| 星状神経膠細胞 | 022 | |
| 生理的眼瞼閉鎖 | 042 | |
| 赤道 | 006, 026 | |
| 線維柱帯 | 016, 062 | |
| 線維柱帯経路 | 016, 070 | |
| 前極 | 006, 026 | |
| 全身投与 | 066 | |
| 前庭性眼反射 | 038 | |

| | | |
|---|---|---|
| 前嚢 | 018 | |
| 前部ぶどう膜炎 | 050 | |
| 前房 | 014, 016 | |
| 前房内投与 | 066 | |

### そ

| | | |
|---|---|---|
| 双眼倒像検眼鏡 | 029, 076 | |
| 双極細胞 | 022, 033 | |
| 続発性緑内障 | 057 | |
| ソルビトール経路 | 052 | |

### た

| | | |
|---|---|---|
| 代謝酵素 | 068 | |
| 対称性 | 027 | |
| 胎生核 | 018 | |
| 大乳頭 | 054 | |
| タウリン欠乏症 | 055 | |
| 唾液腺涙腺炎ウイルス | 059 | |
| 多局所網膜電図 | 033 | |
| 多瞳孔 | 050 | |
| タペタム | 006, 017, 020, 030, 055 | |
| タモキシフェン | 080 | |
| 単眼症 | 040 | |
| 炭酸脱水酵素阻害薬 | 071 | |

### ち

| | | |
|---|---|---|
| 地図状潰瘍 | 049 | |
| 中心窩 | 006, 020, 062 | |
| 中心野 | 006, 020, 055 | |
| 超音波検査 | 034, 077 | |
| 長睫毛症 | 043 | |
| 調節 | 015, 017, 062 | |
| 直接照明法 | 028, 047, 048 | |
| 直接瞳孔反射 | 037 | |
| 直像検眼鏡 | 029, 030 | |

### つ

| | | |
|---|---|---|
| ツァイス腺 | 010, 044 | |

### て

| | | |
|---|---|---|
| デスメ膜 | 014, 031, 041, 048, 057 | |
| デスメ瘤 | 048 | |
| 徹照法 | 028 | |
| テノン膜 | 007, 010, 014 | |
| 点眼投与 | 066 | |
| 点眼麻酔薬 | 079 | |

## と

動眼神経 ……… 008, 009, 010, 014, 018, 038
瞳孔 …………………………………… 014
瞳孔括約筋 ………………… 008, 014, 036
瞳孔散大筋 ………………… 008, 015, 036
瞳孔反射 …………………… 036, 050, 057
瞳孔反射軸索 ……………………… 008
瞳孔不同 …………………………… 050
瞳孔変位 …………………………… 050
瞳孔膜遺残 … 018, 049, 061, 063, 065
倒像検眼鏡 ………………… 029, 030
疼痛 ………………………………… 028
糖尿病性白内障 …………………… 051
糖尿病性網膜症 …………………… 058
糖白内障 …………………………… 052
投与経路 …………………………… 066
ドセタキセル ……………………… 080
ドライアイ … 031, 046, 048, 072, 079
ドライスポット …………………… 046
トランスポーター ………………… 068
ドルーゼン ………………… 017, 058, 062
トロピカミド ……………… 026, 073

## な

内顆粒層 …………………………… 022
内境界膜 …………………… 019, 022
内耳神経 …………………………… 008
内節 ………………………………… 020
内直筋 ……………………… 008, 009
内反症 ……………………………… 043
内網状層 …………………………… 022
難治性表層びらん ………………… 048

## に

二次硝子体 ………………………… 019
乳頭陥凹 …………………………… 063
乳頭低形成 ………………………… 062

## ね

ネコヘルペス感染症 ……………… 049
粘弾性物質 ………………………… 073

## の

ノンタペタム ……………………… 030

## は

ハーダー腺 ………………… 011, 061
ハーブ線条 ………………… 041, 057
杯細胞 ……………………… 010, 011, 072
パキメーター ……………………… 032
白内障 ……… 051, 060, 062, 063, 079
パクリタキセル …………………… 080
麦粒腫 ……………………………… 043
パターン刺激 ……………………… 033
半眼 ………………………………… 044
半球 ………………………………… 026
反射性涙液分泌 …… 008, 011, 027, 031, 066
パンヌス …………………………… 048

## ひ

ヒアルロン酸 ……… 015, 019, 053, 072, 073
光干渉断層計 ……………… 034, 077
光毒性 ……………………………… 081
ヒゲ ………………………… 010, 028, 035
非接触眼圧計 ……………………… 032
びまん性上強膜炎 ………………… 049
表層角膜炎 ………………………… 047
表層細胞 …………………………… 013
表皮外胚葉 ………………… 010, 011, 013, 018
豹紋眼底 …………………………… 065
鼻涙管 ……………………… 012, 031, 046

## ふ

フェノチアジン系化合物 ………… 080
ブスルファン ……………………… 080
ぶどう膜 …………………… 006, 014
ぶどう膜炎 ………………………… 050
ぶどう膜強膜経路 ………… 016, 070
フルオレセイン …………… 031, 032, 049
フルオロウラシル ………………… 079
ブルッフ膜 ………………… 016, 024
プロスタグランジン ……………… 070
分泌物 ……………………………… 027

## へ

閉塞隅角緑内障 …………………… 056
ベンゾジアゼピン ………………… 079
ペンライト ………………………… 030

## ほ

蜂窩織炎 …………………………… 041
房水 ………… 006, 015, 016, 051, 056
房水静脈 …………………………… 016
房水フレア ………………… 050, 051
膨隆虹彩 …………………………… 050
ポーランギオティック …………… 023
ホスホジエステラーゼ …………… 021
発赤 ………………………………… 027
ホランギオティック ……… 023, 059
ポリオール説 ……………………… 052
ポルフィリン ……………… 011, 061

## ま

マージン …………………………… 076
マイボーム腺 ……………… 009, 011, 043
慢性腎性網膜症 …………………… 062

## み

ミエリン …………………… 023, 030, 063
未熟白内障 ………………………… 052
ミッテンドルフ斑 ………… 019, 053
脈絡上板 …………………………… 016
脈絡膜 ……………… 006, 016, 051, 073
脈絡膜形成不全 …………………… 063
脈絡膜血管 ………………………… 033
脈絡膜上腔 ………………………… 016
脈絡膜網膜瘢痕 …………………… 062
ミューラー細胞 …………… 019, 022, 033

## む

無眼球症 …………………………… 040
無虹彩症 …………………………… 050
無孔涙点 …………………………… 046
ムコ多糖類 ………………… 013, 014, 018, 019
無色素上皮 ………………… 015, 017, 019
無水晶体症 ………………………… 051
無水晶体半月 ……………………… 053
ムチン ……………………… 011, 046, 072
ムチン層 …………………………… 011
無痛性角膜潰瘍 …………………… 048
無毒性量 …………………………… 076

## め

迷走神経 …………………………… 008

メタノール ･････････････････ 081
メナス反応 ･･･････････････ 035, 077
メラニン
　･･･ 014, 015, 016, 023, 051, 068, 077,
　080, 081
メランギオティック ･･････ 023, 063
綿球落下試験 ･････････････ 036, 077

## も

網膜 ････････････ 006, 019, 020, 054
網膜暗部 ･････････････････････ 019
網膜異形成 ･･･････････････ 055, 061
網膜萎縮 ･････････････････････ 061
網膜虹彩部 ･･･････････ 014, 015, 019
網膜色素上皮 ･････ 006, 019, 023, 033
網膜色素上皮異形成 ････････････ 057
網膜色素上皮ジストロフィー ･･･ 057
網膜視部 ･････････････････････ 020
網膜中心静脈 ･････････････････ 007
網膜中心動脈 ･････････････････ 007
網膜電図検査 ･････････････ 033, 077
瞬膜突出 ･････････････････････ 062
網膜剥離 ･････････････････････ 057
網膜ヒダ ･･･････････ 055, 061, 062
網脈絡膜炎 ･･･････････････････ 072
網脈絡膜症 ･･･････････････････ 061
毛様小帯 ･････ 016, 017, 019, 051, 053
毛様体 ･･････････････ 006, 015, 050
毛様体筋 ･･････････････ 008, 016, 018
毛様体色素上皮 ･･･････････ 015, 019
毛様体突起 ･･･････････ 016, 050, 051
毛様体ヒダ部 ･････････････････ 015
毛様体扁平部 ･････････････ 015, 019
モル腺 ･････････････････ 010, 044

## や

薬物アレルギー ･･･････････････ 079

## ゆ

油層 ･･････････････････････ 010, 011

## よ

翼細胞 ･･･････････････････････ 013

## ら

落屑緑内障 ･･･････････････････ 057

## り

律動様小波 ･･･････････････････ 033
リバウンド眼圧計 ･････････････ 032
リポフスチン ･････････ 017, 023, 079
流涙 ･････････････････････ 012, 046
緑内障 ･････････････ 041, 056, 070, 079
臨床的重要性 ･････････････ 040, 076
リンパ濾胞 ･･･････････････ 010, 044

## る

涙液層 ･･ 009, 011, 027, 031, 046, 077
涙液層破壊時間 ･･･････ 031, 049, 077
涙液分泌促進薬 ･･･････････････ 072
涙液補助薬 ･･･････････････････ 072
涙小管 ･･･････････････････････ 012
涙点 ･･･････････････ 012, 046, 063
涙点位置異常 ･････････････････ 046
涙点貫通不全 ･････････････････ 046
涙点無形成 ･･･････････････････ 046
涙嚢 ･････････････････････････ 012
類皮腫 ･･･････････････････ 042, 047
ルテイン ･････････････････ 021, 081

## れ

レチノイド ･･･････････････････ 080
裂孔原性網膜剥離 ･････････････ 057

## ろ

ロドプシン ･･･････････････ 021, 024
濾胞性結膜炎 ･････････････････ 044

## 友廣 雅之

- 1985年　獣医師：北里大学大学院
- 1997年　獣医学博士：大阪府立大学大学院
- 2005年　基礎眼科学専門家：比較眼科学会

- 1985年　ファルマシアアップジョン
　　　　　（旧アップジョンファーマシューティカルリミテッド）病理毒性研究部
- 2000年　国立精神・神経センター神経研究所遺伝子治療研究部
- 2003年　万有製薬株式会社つくば研究所　安全性研究所
- 2009年　ボゾリサーチセンターつくば研究所毒性研究部
- 2011年　日本アルコン株式会社　開発本部薬事部

### 監　修

- 柏木　賢治（山梨大学医学部）
- 長谷川貴史（大阪府立大学獣医臨床科学分野）
- 野村　護（株式会社イナリサーチ）

---

**獣医・実験動物眼科学** —獣医臨床とヒトに外挿できる医薬品の眼毒性評価のための基礎知識—　ISBN978-4-86079-069-1

2013年9月4日　初版第1刷発行

- 著　者　　友廣　雅之
- 監　修　　柏木　賢治　　長谷川貴史　　野村　護
- 発行者　　中山昌子
- 発行元　　株式会社 サイエンティスト社
　　　　　　〒151-0051　東京都渋谷区千駄ヶ谷5-8-10-605
　　　　　　Tel. 03 (3354) 2004　Fax. 03 (3354) 2017
　　　　　　Email: info@scientist-press.com
　　　　　　www.scientist-press.com
- 表紙デザイン　友廣あゆみ
- 印刷・製本　　シナノ印刷株式会社

©Masayuki Tomohiro, 2013　　　　　　　　　　　　　　　　無断複製禁